航空发动机控制系统典型壳体加工技术

吕玮明　金　波　刘荣萍
张建杰　王毅力　吴刚胜　编著
邓卫华　主审

国防工业出版社

·北京·

内 容 简 介

　　本书从航空发动机控制系统壳体的重要性出发,本着实用原则,以典型壳体机械加工为主线,从加工工艺准备、加工工艺路线、加工主要工序、加工工艺装备、数控设备的运用、数控加工编程技巧及壳体加工新技术展望等几个方面进行了论述。

　　本书可作为壳体加工企业的研究学习材料和培训教程,也可作为普通高等院校机械加工专业教学辅导材料。

图书在版编目（CIP）数据

航空发动机控制系统典型壳体加工技术/吕玮明等编著. —北京:国防工业出版社,2018.3
ISBN 978-7-118-11568-0

Ⅰ.①航…　Ⅱ.①吕…　Ⅲ.①航空发动机—控制系统—壳体(结构)—加工　Ⅳ.①V232.6

中国版本图书馆 CIP 数据核字（2018）第 042813 号

※

国防工业出版社出版发行
（北京市海淀区紫竹院南路 23 号　邮政编码 100048）
三河市腾飞印务有限公司印刷
新华书店经售

*

开本 710×1000　1/16　印张 8¾　字数 164 千字
2018 年 3 月第 1 版第 1 次印刷　印数 1—5000 册　定价 68.00 元

（本书如有印装错误,我社负责调换）

国防书店：(010)88540777　　　发行邮购：(010)88540776
发行传真：(010)88540755　　　发行业务：(010)88540717

编审委员会

序　言

　　航空发动机控制系统被誉为发动机的"大脑"，是决定航空发动机性能的关键功能系统，而控制器壳体是各种控制元件的定位和承力构件，是航空发动机控制系统的核心部件。中国航发贵州红林航空动力控制科技有限公司(中国航发红林)是长期从事航空发动机控制系统产品设计和制造的专业企业，经多年探索和实践，在航空燃油控制附件壳体的加工方面积累了丰富的经验，为沉淀和总结经验，公司组织部分技术骨干、专家共同整理编写了本书。该书较为详细地叙述了控制器壳体传统机械加工方法以及新技术展望，让读者阅读后对航空发动机燃油控制的基本构成、主要附件结构及工作原理、典型壳体加工工艺技术等有一定的了解，希望能够为从事相关工作的专业人员提供帮助和启迪，这也是我们编写本书的初衷和目的。

　　控制附件壳体是决定燃油控制系统性能和结构的一个关键部件，占有举足轻重的地位，其加工质量和集成的好坏决定着控制系统能否正常发挥作用。由于控制系统附件既要满足中高压力和规定流量，又对附件重量、体积、寿命有严格的要求，这就导致其结构非常复杂。例如某液压机械调节器，由动力部件、计算部件、执行部件、感受部件等组成，包含一级燃油泵和三级滑油泵于一体，另配有几十个调节功能部件，其外形最大尺寸不足 250mm，大小油路 80 余条，最深油路孔直径仅为 4mm，而长度达 165mm，直径为 3~4mm 的小孔总长度接近4000mm，加工工序有 1000 多道，内部装配零部件间隙公差只有 3~4μm，精度要求很高，制造加工难度非常大。

　　经过中国航发红林技术骨干、专家的共同努力，我们在公司技术人员培训学习教材的基础上，秉承实用和通俗易懂的原则，提炼加工成本书，本书的出版也丰富了航空发动机行业机械加工技术丛书系列，对此我们能尽绵薄之力深感欣慰。

吴贵江（签名）

2018 年 1 月

吴贵江为中国航发贵州红林航空动力控制科技有限公司党委书记、执行董事。

前　言

航空发动机控制附件工作环境恶劣,需在 -55 ~ 215℃ 的宽温度范围,最高 22MPa 压力下工作,而且控制附件精度要求高、自动化程度高、控制模块多、工作状态复杂,同时对重量有严格的限制,这就导致了航空发动机控制系统技术含量高、难度大。壳体是航空发动机控制附件的关键部件,它在控制附件中起支承和功能集成的作用。因发动机对控制附件的严格要求,导致控制附件壳体结构复杂,壁厚较薄,加工难度大,是航空发动机控制系统加工行业内公认的关键技术。

中国航发贵州红林航空动力控制科技有限公司(中国航发红林)经多年探索和实践,在航空燃油控制附件壳体的加工方面积累了丰富的经验,为了深层次的梳理关键技术,沉淀和总结经验,实现知识和经验显性化、系统化及有效传承,中国航发红林科技委组织公司技术专家、骨干收集了大量资料,共同整理编著成书。该书以典型壳体机械加工为主线,从加工工艺准备、加工工艺路线、加工主要工序、加工工艺装备、数控设备的运用、数控加工编程技巧及壳体加工新技术展望等几个方面进行了论述。

本书由贾建中、潘健构思和搭建框架,全书共分 8 章,第 1 章由王毅力撰写,参与编写工作的还有吴刚胜;第 2 章、第 3 章、第 5 章由吕玮明撰写;参与编写工作的还有金波;第 4 章由张建杰撰写;第 6 章、第 7 章、第 8 章由刘荣萍撰写;吴刚胜负责全书的统稿和文字、图表整理工作,邓卫华负责全书的审定。

该书可作为壳体加工企业的研究学习材料和培训教程,也可以作为普通高等院校机械加工专业教学辅导材料。

因航空发动机控制系统结构复杂、零部件种类繁多,壳体多种多样,本书以最复杂的机械液压调节器的壳体作为典型,在总结目前生产过程中的机械加工技术的基础之上进行叙述,不当之处,敬请读者不吝指正。

编审委员会

2017 年 12 月

目　　录

第1章　绪论 ……………………………………………………… 1

1.1　航空发动机控制系统概述 ………………………………… 2

1.2　壳体在控制器中的作用 …………………………………… 5

1.3　航空发动机控制器壳体的特点 …………………………… 7

　1.3.1　壳体的工作环境严酷、性能要求高 ………………… 7

　1.3.2　壳体的内部结构复杂、集成零部件多 ……………… 8

　1.3.3　制造方法复杂、工艺控制严格 ……………………… 8

　1.3.4　所用材料品种多、性能要求高 ……………………… 9

　1.3.5　装配精度要求高,对环境要求严格 ………………… 9

　1.3.6　需经过严格的试验考核 ……………………………… 10

1.4　壳体毛坯常用的成型技术 ………………………………… 11

1.5　壳体机械加工的难点及注意事项 ………………………… 12

第2章　壳体加工工艺准备 …………………………………… 14

2.1　壳体结构特点及技术要求 ………………………………… 14

　2.1.1　壳体的结构特点 ……………………………………… 14

　2.1.2　壳体技术要求 ………………………………………… 14

2.2　壳体的材料及毛坯 ………………………………………… 15

　2.2.1　壳体的材料 …………………………………………… 15

　2.2.2　壳体的毛坯 …………………………………………… 15

2.3　壳体机械加工工艺准备 …………………………………… 17

　2.3.1　生产任务书识别 ……………………………………… 17

　2.3.2　设计图纸消化 ………………………………………… 17

第3章　壳体加工工艺路线 …………………………………… 19

3.1　工艺定位基准的选择 ……………………………………… 19

　3.1.1　定义 …………………………………………………… 19

　3.1.2　毛坯定位基准的选择 ………………………………… 19

　3.1.3　主定位基准的选择 …………………………………… 23

　3.1.4　辅助定位基准的选择 ………………………………… 28

3.2　工艺阶段划分 ⋯⋯⋯⋯⋯⋯⋯⋯⋯⋯⋯⋯⋯⋯⋯⋯⋯⋯ 32

3.3　工艺规程的编制 ⋯⋯⋯⋯⋯⋯⋯⋯⋯⋯⋯⋯⋯⋯⋯⋯⋯ 33

第4章　壳体加工主要工序 ⋯⋯⋯⋯⋯⋯⋯⋯⋯⋯⋯⋯⋯⋯ 34

4.1　壳体的划线 ⋯⋯⋯⋯⋯⋯⋯⋯⋯⋯⋯⋯⋯⋯⋯⋯⋯⋯⋯ 34

　　4.1.1　壳体的划线步骤 ⋯⋯⋯⋯⋯⋯⋯⋯⋯⋯⋯⋯⋯⋯ 34

　　4.1.2　壳体的划线工序 ⋯⋯⋯⋯⋯⋯⋯⋯⋯⋯⋯⋯⋯⋯ 35

4.2　壳体结合面的加工 ⋯⋯⋯⋯⋯⋯⋯⋯⋯⋯⋯⋯⋯⋯⋯⋯ 37

4.3　壳体附件安装孔或压套孔的加工 ⋯⋯⋯⋯⋯⋯⋯⋯⋯ 37

4.4　壳体定位销孔的加工 ⋯⋯⋯⋯⋯⋯⋯⋯⋯⋯⋯⋯⋯⋯ 39

4.5　壳体的油路孔及型腔加工 ⋯⋯⋯⋯⋯⋯⋯⋯⋯⋯⋯⋯ 39

4.6　壳体的清洁度工艺 ⋯⋯⋯⋯⋯⋯⋯⋯⋯⋯⋯⋯⋯⋯⋯⋯ 40

　　4.6.1　航空燃油清洁度标准 ⋯⋯⋯⋯⋯⋯⋯⋯⋯⋯⋯ 40

　　4.6.2　壳体的毛刺工艺 ⋯⋯⋯⋯⋯⋯⋯⋯⋯⋯⋯⋯⋯ 43

　　4.6.3　壳体的冲洗工艺 ⋯⋯⋯⋯⋯⋯⋯⋯⋯⋯⋯⋯⋯ 56

第5章　壳体加工简易工装设计 ⋯⋯⋯⋯⋯⋯⋯⋯⋯⋯⋯ 59

5.1　标准槽系列柔性元件的基本特性 ⋯⋯⋯⋯⋯⋯⋯⋯⋯ 60

　　5.1.1　正方形包括长方形基础板 ⋯⋯⋯⋯⋯⋯⋯⋯⋯ 60

　　5.1.2　基础角铁(垂直板) ⋯⋯⋯⋯⋯⋯⋯⋯⋯⋯⋯⋯ 61

　　5.1.3　垂直圆基础板 ⋯⋯⋯⋯⋯⋯⋯⋯⋯⋯⋯⋯⋯⋯ 61

　　5.1.4　合件基础板,正弦台 ⋯⋯⋯⋯⋯⋯⋯⋯⋯⋯⋯ 61

　　5.1.5　定位件和导向件 ⋯⋯⋯⋯⋯⋯⋯⋯⋯⋯⋯⋯⋯ 62

　　5.1.6　组合基础件,立卧分度盘 ⋯⋯⋯⋯⋯⋯⋯⋯⋯ 65

5.2　槽式柔性元件夹具的组合 ⋯⋯⋯⋯⋯⋯⋯⋯⋯⋯⋯⋯ 66

　　5.2.1　支点定位组合法 ⋯⋯⋯⋯⋯⋯⋯⋯⋯⋯⋯⋯⋯ 66

　　5.2.2　组合操作方法 ⋯⋯⋯⋯⋯⋯⋯⋯⋯⋯⋯⋯⋯⋯ 69

　　5.2.3　常用定位销标准系列 ⋯⋯⋯⋯⋯⋯⋯⋯⋯⋯⋯ 71

　　5.2.4　圆盘定中心组合法 ⋯⋯⋯⋯⋯⋯⋯⋯⋯⋯⋯⋯ 72

　　5.2.5　定位板组合法 ⋯⋯⋯⋯⋯⋯⋯⋯⋯⋯⋯⋯⋯⋯ 73

　　5.2.6　加工部位成角度定位板的组合法 ⋯⋯⋯⋯⋯⋯ 75

5.3　产品特殊部位的夹具组合 ⋯⋯⋯⋯⋯⋯⋯⋯⋯⋯⋯⋯ 76

　　5.3.1　产品特殊部位组合夹具分析 ⋯⋯⋯⋯⋯⋯⋯⋯ 77

　　5.3.2　特殊定位投影角度和销孔位置的确定 ⋯⋯⋯⋯ 78

　　5.3.3　特殊定位板的制作 ⋯⋯⋯⋯⋯⋯⋯⋯⋯⋯⋯⋯ 79

5.4　孔系柔性元件的夹具组合 ⋯⋯⋯⋯⋯⋯⋯⋯⋯⋯⋯⋯ 79

　　5.4.1　孔系列柔性元件的优缺点 ⋯⋯⋯⋯⋯⋯⋯⋯⋯ 79

  5.4.2 孔系列夹具组合夹紧方式 ································ 81

第6章 数控设备的运用与一般规范 ····················· 82

 6.1 数控设备应用现状 ······································· 83

  6.1.1 国外数控加工技术研究与发展状况 ··············· 83

  6.1.2 国内数控加工技术研究与发展状况 ··············· 84

 6.2 数控技术应用原则 ······································· 86

  6.2.1 工艺路线设计原则 ···························· 86

  6.2.2 工序内容设计原则 ···························· 87

 6.3 数控加工工艺过程仿真校验及加工程序的生成 ········· 90

  6.3.1 数控加工工艺过程仿真校验 ····················· 90

  6.3.2 数控加工程序的生成 ·························· 91

第7章 典型结构数控工艺规划实例 ····················· 93

 7.1 端面环形槽数控加工编程技巧 ······················· 93

  7.1.1 端面环形槽数控加工工艺方法分析 ··············· 93

  7.1.2 端面环形槽数控加工实例研究 ··················· 94

 7.2 壳体成型模具数控加工编程技巧 ····················· 99

  7.2.1 复杂型面数控加工工艺流程 ····················· 99

  7.2.2 数据模型的建立 ···························· 100

  7.2.3 数控加工工艺方案规划 ······················ 104

 7.3 壳体复杂型面数控加工编程技巧 ···················· 112

  7.3.1 航空发动机控制器壳体外型面加工背景 ··········· 112

  7.3.2 航空发动机控制器壳体数学模型的建立 ··········· 113

  7.3.3 航空发动机控制器壳体外型加工工艺路线的确定 ··· 113

  7.3.4 壳体加工坐标系的确定 ······················ 114

  7.3.5 壳体加工路径的规划 ························ 115

第8章 增材制造技术在壳体加工中的应用 ············· 122

参考文献 ·· 125

第1章 绪　论

　　航空技术发达的国家,长期以来都将航空发动机的发展作为国策,列为国家高科技战略性产业。近年来,伴随着中国航空工业的迅速发展,航空发动机也进入快速发展阶段。以前国内航空发动机的研制和生产,主要是以测绘、仿制、改进为主。随着三代机、四代机的出现,国内航空发动机的研制形式也发生了本质的变化,向自行设计转变。

　　近代,航空发动机控制领域以在役机型为基础,针对使用中出现的问题不断改进,引入了电子控制的手段,经历了从复杂液压机械式到液压机械+电子混合式,再到全权限数字电子控制(又称FADEC)的发展过程,取得了长足的进步。目前,我国已经构建了比较完善的航空发动机燃油系统与液压机械装置研发体系,积累了大量的科研经验,具备了航空发动机燃油控制系统的设计能力,开展了第四代发动机和大涵道比发动机等多型发动机FADEC系统的技术验证和工程实践工作,取得了可喜的进步。但也应该看到,在世界范围内,航空发动机呈加速发展态势,不断向高性能、高可靠性、高推重比、更宽使用范围、更长的寿命、多任务能力和低油耗、低成本、低污染、低噪声方向发展。

　　相比于传统的机械液压调节器,现代航空发动机数控系统中,计算部件的功能用电子控制器和软件实现,控制信号的采集用各种传感器实现,机械液压装置作为FADEC系统中的执行机构,主要由动力部件(各种泵)、电液转换部件(电液伺服阀、电磁阀、步进电机等)和执行机构(各种活门、作动器等)三部分组成。取消了原有的机械计算部件(凸轮、杠杆)和信号感受部件(离心配重、膜盒、钢索等),用电子控制器和传感器实现了信号采集和运算这两部分的功能。从而提高了控制精度,机械部分结构简单,零件数减少,质量减轻,研制周期缩短。尤其是近年来,国防需求呈现多样化,变化周期更快,产品的更新换代频繁,这就要求发动机燃油控制系统要在原有技术的基础上,适应和跟踪发动机技术的更新迭代,用数控系统的技术优势,提高发动机的性能、精度、寿命和可靠性,解决多参数控制、减轻重量、便于维护、耐恶劣环境、健康管理等诸多问题。

　　航空发动机主要涉及空气动力学、流体力学、固体力学、热力学、化学、材料学等学科,是人类有史以来最有效的动力之一,也是最复杂的机械之一。航空发动机工作过程是极其复杂的气动热力过程,在规定的飞行包线内,随着环境条件和工作状态的变化,通过控制系统保证发动机安全可靠地工作,从而满足飞机对发动机提出的各种性能要求。航空发动机的控制主要由燃油控制系统、滑油系统、启动系统、涡轮冷却系统、可变几何通道控制系统、预防和消除喘振系统和防冰等系统组成。在这些系统中燃油控制系统和可变几何通道控制系统起至关重要的作用,燃油控制系统的目的,就是使发动机在各种工作状态下,对飞机来油进行增压,以满足发动机和控制系统对燃油压力的各种需要;完成发动机主燃烧室燃油流量的自动控制、主燃油流量的分配;压气机静子导流叶片的控制、风扇静子导流叶片的控制;加力泵的打开和关闭、加力燃烧室燃油流量计量和控制、加力燃油流量的分配;喷口喉道面积的控制、矢量喷口方向的控制;以及发动机的起动、加速、减速、停车、消喘防喘等静态和动态控制。使发动机在全包线范围内准确、稳定、快速、安全、可靠地工作,并充分发挥其性能。航空发动机控制系统是一个复杂的电子、机械、液压系统,根据发动机燃油调节器的控制方式,发动机控制系统一般可以分为机械液压式、电子模拟式和电子数字式三种。航空发动机控制系统一般由增压泵、主燃油泵、主燃油控制装置、压气机静子可调导叶角度控制装置、风扇静子可调导叶角度控制装置、主燃油分布器、加力泵、加力燃油控制装置、加力燃油分布器、喷口油源泵、喷口油源泵控制附件、喷口喉道面积控制装置、矢量喷口控制装置、应急放油装置、射流点火装置等组成。无论是机械液压控制器,还是电子控制系统里的机械液压执行装置,都需要把许多机、电、液功能部件集成在壳体上,再用油路、气路、电路连接起来,完成预先设计好的功能和性能。壳体就是一个集成平台,是决定燃油控制系统性能和结构的一个关键部件,占有举足轻重的地位,其加工质量和集成的好坏决定了控制装置能否发挥应有的作用。它的加工过程难度很大、周期很长,是一项细致而艰巨的工作。因此,有必要讨论、研究高效率高质量的壳体加工,给从事这项工作的同行们提供一些方法和思路。

1.1　航空发动机控制系统概述

航空发动机控制系统的主要任务是:发动机在整个飞行包线范围内,在各种飞行工况下,控制系统的若干传感器感受发动机的飞行数据,以及飞行员的指令,进行综合运算、选择最优参数、通过执行机构自动控制发动机的供油量和可变几何通道等,使发动机在气动极限、热力极限和机械极限范围内安全、稳定、可靠地工作,并获得低的耗油率、优良的性能。

航空发动机控制系统经历了简单的开环机械液压、闭环机械液压、复杂的闭环机械液压,高度复杂的、闭环、多变量、非线性、多功能的计算机电子控制系统。将来向数字化、分布控制、主动控制、多变量控制、容错控制和智能控制方向发展,成为集液压、机、电、信息与控制技术为一体的高科技产品。典型的控制系统有机械液压控制系统、FADEC 系统。

机械液压控制系统由传感器(压力、转速、高度、速度、温度、油门角度等信号),运算部件(信号处理装置,伺服机构,凸轮、杠杆和齿轮等),放大部件(喷嘴挡板活门、滑阀式活门、摆锤活门和活塞等),反馈部件(弹簧、齿轮和杠杆等),执行机构(活塞、杠杆、作动筒、电磁阀等),还有节流器、功能转换部件,机械、电器、液压接口等组成。机械液压控制系统的主要功能是完成发动机起动、加速、减速过渡态的控制;完成发动机转速的稳态控制;保持落压比的加力工作状态;超转、超温、超压限制以及防喘保护;进气道、风扇和压气机导叶、喷口喉道面积、矢量喷口等可变几何通道控制;防冰及涡轮冷却控制等组成。一个或几个功能构成一个控制器,所有控制器构成控制系统。

FADEC 系统由传感器(压力、转速、高度、速度、温度、油门角度等信号),电子控制器(硬件、软件),电液转换器(电磁阀、高速电磁阀、电液伺服阀、位移传感器、接近开关、信号器等),机械液压执行装置(壳体、喷嘴挡板活门、滑阀式活门、弹簧、节流器和活塞等),机械、电器、液压接口等组成。FADEC 系统除了包含机械液压控制系统的功能外,利用计算机强大的功能和运算速度,可以采集更多的发动机信号。完成传感器数据的采集、控制规律和逻辑运算的处理,选择最佳的控制模式,实现发动机多变量控制;自动推力设定,自动压力和温度限制;发动机健康状态管理,控制系统的容错;发动机与飞机其他电子系统进行通信,从而实现综合控制。如飞行/动力综合控制,火力/飞行/动力综合控制。数字电子控制器可以提高控制精度,充分发挥发动机的性能,增加发动机的可靠性,是发动机控制系统的必然选择。

按照功能来划分,航空燃油控制系统主要有供油泵、燃油控制器、限制器、传感器、放大器、执行元件、反馈元件等。供油泵含高、低压油泵,将飞机油箱来的燃油经过低压增压、高压增压后供给燃油控制器或调节器。燃油控制器:也叫燃油调节器,是通过传感器感受发动机转速、温度、高度、压力等各种参数,按照油门杆角度和设定程序自动调节燃油量供给发动机燃烧室。限制器:为了保证发动机安全可靠工作而设置,对发动机转速、压气机出口压力、发动机排气和涡轮前后温度、扭矩等进行最大负荷限制的装置。执行元件:可分为液压式、气动式和电液转换三大类,执行元件主要是将液压能、气压能、机械能,进行转换去执行规定的动作。

航空发动机燃油系统中的油泵类型很多,各自具有原理、结构、性能上的特点。它按结构形式主要有柱塞泵、齿轮泵、离心泵和旋板泵,它们均具有良好的使用性能和较高的可靠性。其中柱塞泵相对于齿轮泵、离心泵和旋板泵而言,功重比小(泵功率/泵重量),结构复杂,加工成本高,抗污染能力比离心泵和旋板泵差。它的优点在于非常方便地调节斜盘角度使供油量等于需油量,解决了小供油量状态下的油泵温升问题,齿轮泵结构简单,可靠性高,在高空小流量时温升高是个问题。离心泵功重比大,缺点是低转速下效率低,使用范围受到限制。

在油泵的输出端,设置了调节器。它接受来自发动机的转速、压气机的压力、落压比、油门杆角度,以及飞行高度和速度、大气压力等信号;通过计算,自动调节供给发动机主、加力燃烧室的供油量;同时调节发动机的喷口直径、风扇和压气机导叶角度;保证发动机在不同高度、不同速度以及各种飞行姿态下,都能可靠、安全、充分发挥效能地工作。

特别是机械液压控制器,通过对这类产品的了解可以看出,控制系统工作环境严酷、性能要求高、结构复杂、零组件多、制造难度大、工艺控制严格,所用材料品种多、性能要求高,精密偶件多、严格的试验验证考核以及高效安全的使用要求等,是典型的技术含量很高的复杂产品。航空发动机控制系统图和外形图如图 1-1 所示。

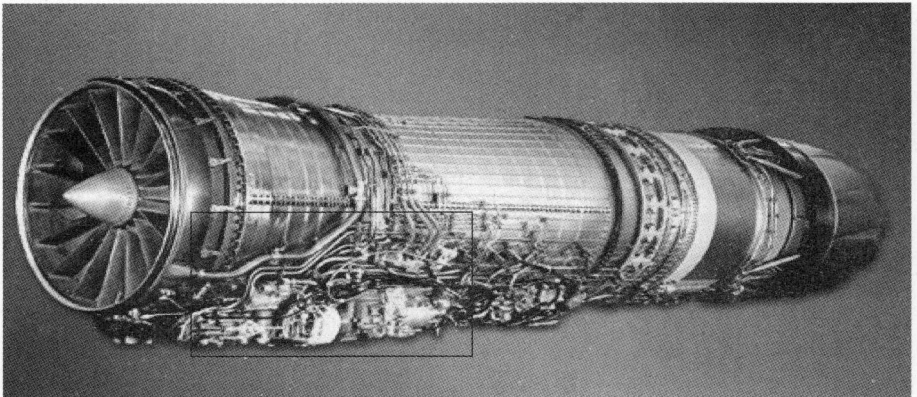

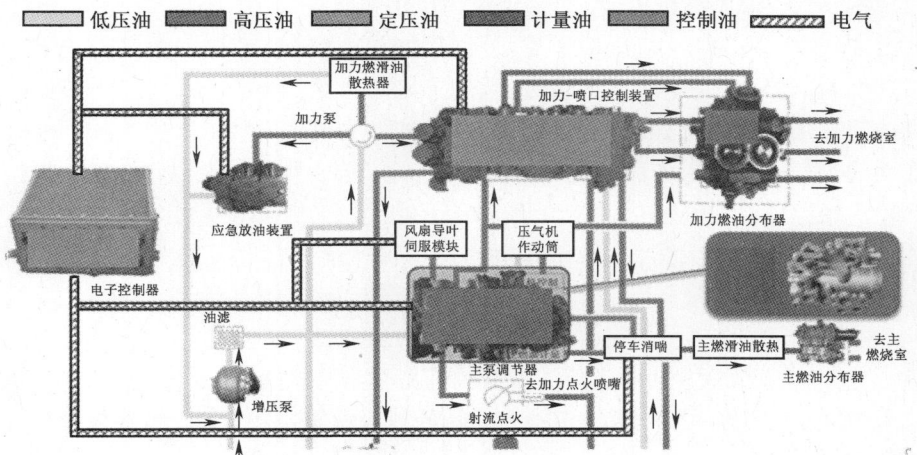

图 1-1　航空发动机控制系统图和外形图

1.2　壳体在控制器中的作用

任何智能产品,如手机、冰箱、电视、轮船、飞机、卫星等,都需要各种各样的控制器,复杂产品需要若干控制器构成控制系统,才能完成预定的功能,就像人离不开大脑一样。一般控制器最基本的构成元件是传感器、运算器、放大器、执行机构、动力源。把这些元部件安装在一个称为壳体部件(机械产品)或电路板中(电器产品),再把它们互相连接起来,配装到产品上,完成产品的控制功能,带这些自动控制器的产品称为智能产品。

电子控制器最基本的做法,是将预先选好的电子元器件,包括集成电路、电感、电容、电阻等安装在电路板上,按设计好的电路图连接起来,植入软件,就构成了电子控制器。

机电液构成的控制器,是将已经选好的元件,包括薄膜、膜盒、转速传感器、电液转换装置、机电转换装置、凸轮、杠杆、活门、弹簧节流器、活塞、伺服机构、位移传感器等装在壳体内,按设计好的原理图通过电路、气路、油路互相连接起来,就构成了机械液压控制器。航空发动机控制器的壳体是发动机控制系统的核心部件,对控制附件起到支承和功能集成的作用。控制器的功能越多,结构越复杂,集成化难度就越大,壳体就越复杂越难加工。

动力装置是复杂的智能产品,如空气轮机、蒸汽轮机、燃气轮机、涡轮喷气发动机、涡轮风扇发动机、涡轴发动机、涡桨发动机、超燃冲压发动机等。这些产品也离不开若干多功能、高智能化、高精度、高可靠性的控制器构成控制系统,来保证发动机在各种复杂的工况下安全可靠地工作,并追求尽可能高的效率。这些动力装置的控制器就比较复杂,功能模块多,控制精度要求高,难度也比较大,壳体也非常复杂。航空发动机控制系统典型壳体模型图如图 1-2 所示。

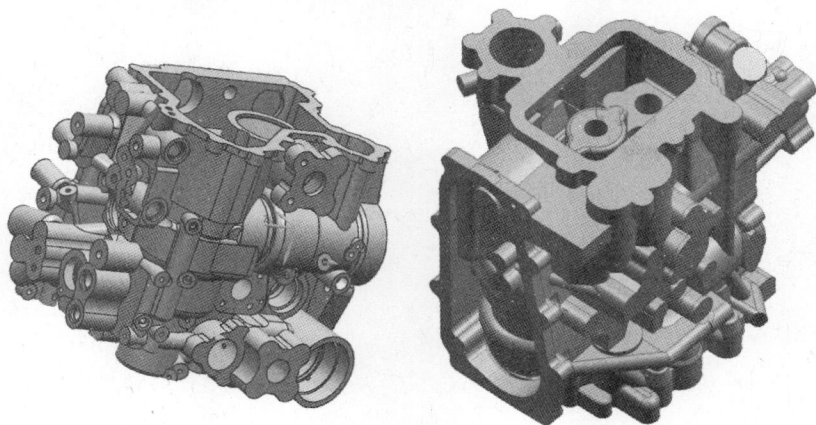

图 1-2　航空发动机控制系统典型壳体模型图

航空发动机控制系统典型控制器外形图如图 1-3 所示。航空发动机控制系统典型控制器模型图如图 1-4 所示。

图 1-3　航空发动机控制系统典型控制器外形图

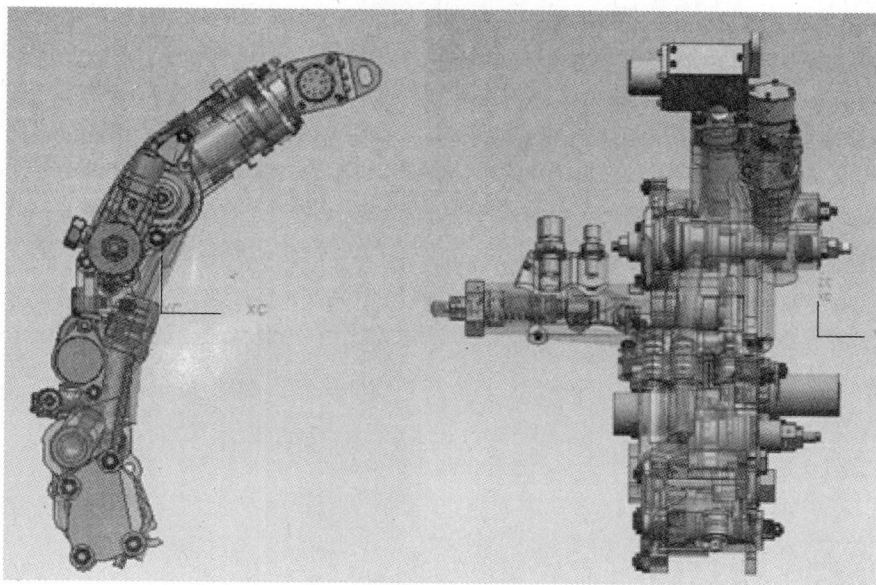

图 1-4　航空发动机控制系统典型控制器模型图

1.3　航空发动机控制器壳体的特点

航空发动机主要是指涡轮喷气发动机、涡轮风扇发动机、涡轴发动机、涡桨发动机、超燃冲压发动机等。还有就是与航空发动机工作原理一脉相承的地面或船用的燃气轮机，其核心机结构没有什么本质区别。目前，我国这些发动机主流技术已经是比较成熟的第三代了，控制器是极其复杂的机械液压结构；下一代发动机控制参数增多、功能增加、精度提高，控制器全面进入全权限数字式电子控制时代。

这些控制器主要完成的功能是起动控制、慢车控制、加速控制、减速控制、转速控制、油门控制、可变几何通道控制、加力控制、防喘控制、叶尖主动间隙控制、停车控制、健康管理、热管理等模块。在飞行包线范围内，各控制器模块自动调节发动机的参数，保证发动机安全、稳定、可靠、高效地工作。

随着科学技术的发展，新材料的应用，发动机的推力不断增大、推重比不断提高、耗油率不断下降。发动机对控制器的要求是：转速越来越高、压力越来越大、介质和环境温度逐次提高、寿命大幅延长；再考虑重量尽量轻、体积尽量小、重要部位设置故障诊断；还要追求高精度的动态、静态调节品质，非线性、时变、多功能、数字化、综合控制、分布控制、主动控制、多变量控制、容错控制和智能控制等；控制系统的任务是越来越重。所以发动机的控制器非常复杂，特别是航空发动机控制器的设计和制造难度，都是不言而喻的。

从航空发动机控制器的工作环境、结构特点、航空发动机对控制器的技术要求等方面来看，航空发动机控制器壳体具有以下特点。

1.3.1　壳体的工作环境严酷、性能要求高

航空发动机控制器壳体是发动机控制系统的主要部件，对控制器起到功能集成的作用。工作环境和工作条件是十分严酷的。如工作环境温度一般为 $-55\sim215℃$；燃油温度 $-40\sim135℃$，振动值大于 $20g$，机械冲击 $20g$、加速度 $10g$，还需通过抗污染、霉菌、沙尘、太阳辐射、湿热、盐雾、防火、低气压、高压冲击等试验。性能方面油泵等旋转部件转速高达 $27600r/min$，供油量达 $37000kg/h$，系统压力最高达 $22MPa$；计量活门全程移动时间公差值为 $0.05s$，分油活门全程移动时间公差值为 $0.02s$，控制发动机转速的精度不大于 0.4%，控制涡轮落压比的精度为 0.1；高速电磁阀响应时间为 $7ms$。部分产品 MBTF 要求达到 $20000h$，少量产品要求达到 $100000h$。如此高转速、大流量、技术参数多、性能指标高的要求使得燃油泵调节器面临着高速、高压、强载、高低温等恶劣的工况条件。因此，在发动机燃油系统中油泵至今故障率较高、寿命偏低，是直接影响发动机工

作性能及安全的关键产品,也是当前推行可靠性研究所急需解决的重要课题。

1.3.2 壳体的内部结构复杂、集成零部件多

对燃油泵设计的基本要求是,在中高压力时满足规定流量的前提下,重量尽可能轻、体积尽可能小、寿命尽可能长以及结构尽可能的紧凑。而发动机控制器壳体在控制器中起到支承和功能集成作用,这就使其结构具有复杂的特点。燃油控制系统由于功能多,结构复杂,例如液压机械调节器,由动力部件(各种泵)、计算部件(凸轮、杠杆)、执行部件(活门、作动筒)、感受部件(离心配重、膜盒、薄膜、钢索等)等组成。据统计三代发动机的液压机械调节器由十多个燃油附件、近 6000 个零件组成,其中主泵调节器就包含有 2600 多个零件。在如此多的零件中,高精度配偶件、多油路件、高性能的调节元件、敏感元件、长线件以及关重件占相当比例。例如,某涡轮起动机燃滑油泵调节器外形尺寸约为 250mm×200mm×150mm,包含一级燃油泵和三级滑油泵于一体,另配几十个调节功能部件,结构十分复杂,零件尺寸小,精度和形位公差要求很高。某主燃油调节器壳体上共组合有精密偶件 10 多个,大小油路 88 条,其中最深油路孔为 $\phi4×165$mm,$\phi3\sim\phi4$ 的小孔总长大约为 3958mm,其加工工序长达 1055 道之多、制造成本很高。产品活门与衬套的配合间隙公差只有 $0.003\sim0.004$mm,而且不仅仅是单一间隙配合要求,而是多台阶间隙配合,配合后必须保证每个台阶配合副的间隙要求,并在温度为 -50℃的燃油中通过灵活性试验;零件形状复杂、形位公差要求严。又如有的油泵壳体与法兰盘配合的位置公差为 0.04mm。有的产品由上千项零组件构成,其中壳体、杠杆类零件、精密活门偶件、凸轮类零件、空气减压器、双重差动活门、摆锤活门组件、落压比调节机构等都是生产、装配和调试中的难点,这些零组件结构复杂,有的尺寸、粗糙度和形位公差精度要求很高。

燃油控制器中零组件多,关键件和异形件精度高、要求严、加工工作量大,它们的性能指标、几何精度、装配要求都很高,环环紧扣、一丝不苟,往往某一个零件的设计偏差或制造质量失控都会造成牵一发而动全身。

1.3.3 制造方法复杂、工艺控制严格

由于燃油泵调节器结构复杂、零件在制造工艺上都有非常严格的要求。如起动机油泵调节器壳体一个面上有近 60 个孔。某壳体要求端面(距离 130mm)平行度 0.02mm,端面平面度 0.01(100×105)mm,四台阶孔在 107mm 长的轴线上同轴度 0.02mm。起动机油泵壳体中齿轮安装孔的孔距公差 0.02mm,圆柱度公差 0.02mm,轴线不平行度公差 0.005mm。壳体中还装有大量的精密偶件和各种高精度机械零件,这就必然导致壳体的制造方法复杂,工艺控制困难。功

能多的调节器壳体中包含各类液压活门 30 余个,所有活门与衬套的配合间隙公差一般为 0.004mm,有的活门间隙公差为 0.002mm,零件加工的尺寸精度需达到 0.001mm。且要满足-55~215℃工作环境要求,制造精度要求很高。很多齿轮泵的齿轮精度达 4 级,配对齿轮厚度差为 0.002mm,齿对轴线的跳动 0.005mm。大部分主动齿轮与传动轴联为一体,有的采用正三棱柱传动,加工难度大。附件中还广泛采用铝合金活门和衬套,工作表面需进行硬质阳极化处理,且厚度和硬度等技术指标要求高;某温度传感器组件需进行充氮、焊接,对焊接质量及焊后密封性都有很高的要求。附件中还采用了大量的异型弹性敏感元件等。

航空发动机控制系统零件的工艺复杂性带来质量控制上的难度,如不能严格按照要求和规定加工和控制,将会导致零组件、产品发生故障。生产实践中因制造质量造成使用中功能性故障的事例较多,应该给予足够的重视。从航空发动机控制系统的发展趋势看,正在向着功能一体化、形位公差和尺寸精度要求更高、采用轻质和高强度材料等方向发展。其加工工艺具有各自的工艺特点,在机械行业中具有一定的代表性。因此,围绕典型零件的加工工艺特点进行深入研究并取得不断突破,很有必要。

1.3.4　所用材料品种多、性能要求高

发动机对控制系统提出的要求是,质量轻,功能高度集成,控制精度高,这就对控制器壳体提出更高的要求,这必然导致壳体必须质量轻,强度高,耐高温高压。目前用得比较多的是铝合金,包括铸铝、锻铝、变形铝合金。在这些材料中有不少由于使用工况和性能以及工艺方法要求的不同,具有包括强度、塑性、断裂、韧性等综合力学性能和耐高低温、耐腐蚀、耐磨等特殊的性能要求。鉴于燃油泵调节器在飞机发动机中要求高性能及工作条件严酷的事实,其所选用的材料品种及技术标准要求高,而且对一些关键材料还在通用标准外增加了特殊要求。

1.3.5　装配精度要求高,对环境要求严格

燃油泵调节器是一个要求高性能的精密机电产品,每个零件的装配组合有着非常严格的要求。例如,某燃油泵调节器中,活门与活门衬套的选配精度公差为 0.004mm,如此高精度的组合不仅对装(选)配过程提出了较高的要求,而且对整个制造过程的各个环节及系统环境都不能有丝毫的马虎。比如壳体油路的多次多方法冲洗,其目的就是为了控制壳体的清洁度。在某发动机配套的燃油泵调节器中,仅铝壳体中的油路就有 88 条,其中最深油路孔为 $\phi 4 \times 165mm$,$\phi 3 \sim \phi 4$ 的小孔总长大约为 3958mm,其加工工序长达 1055 道之多,这些

细长孔在制造过程中,由于工序多、周期长、工序分散,不可避免地造成外来物及磨屑的污染。所以在壳体的加工中安排了多次、多方法、多部位的冲洗工序,且有严格的检测标准。据统计,在工厂生产实践中,因清洁度原因造成控制系统故障占了较大比例。在了解控制器的结构特点时一定不要忘记对装(选)配质量及环境要求(如清洁度、油液品质等)的控制。

1.3.6　需经过严格的试验考核

由于使用的环境恶劣,产品的试验考核就显得非常重要。对控制器的试验除了包括项目繁多的零部件制造、装配中的活门组件元件、电器元件(电磁铁、电液伺服阀、位移传感器等)、气动元件、传感器、作动筒等各种元件试验外,对总成的性能考核通常还包括静态性能和功能验证性试验测试、部分系统的匹配性测试、半物理模拟试验、环境考核试验、寿命试验、可靠性试验、防火试验、燃油结冰试验、高低温试验、老化试验、"三防"(防盐雾、防霉菌、防湿热)试验、冲击试验、振动试验、污染试验、电磁兼容试验等。其目的是为了验证考核产品的适应性、可靠性、合理性以及用户需求度等,以确保产品使用可靠。而且这些繁多和严酷的试验贯穿于研发、鉴定、生产、使用维护等各个阶段。

燃油控制系统附件往往具有产品试验时流量大、温度高、试验参数多的特点,例如,某加力燃油分布器的最大燃油流量为 35000L/h,试验温度为 150℃,需要分成五路进行测量;某应急放油附件的最大燃油流量为 32000L/h;某起动机燃滑油泵调节器转速高达 16800r/min,转速精度为±5r/min;某发动机进口空气温度感受附件的感温范围(−60～+220℃),温控精度≤1℃;某喷口加力调节器最大燃油流量为 36000kg/h;空气过滤减压器最高工作温度 720℃。这对产品的调试和试验提出了挑战。另外,控制器在工作运转状态下都会出现由于受到来自发动机机械、气动、燃烧等影响而引起的振动和温度辐射,它会造成产品磨损加剧、疲劳断裂,从而导致产品损坏失效,是影响产品安全工作和稳定运行的重要因素。还有不可或缺但又要求严格的环境试验,它要通过模拟产品在运输、使用等环境下所受的环境状况,考核和评价产品耐环境适应能力,以便于暴露产品结构的弱点、缩短制造周期,评估结构强度等。如果某一个试验验证项目一旦出现验证不充分,就可能无法保证控制器性能,使用不可靠,甚至酿成事故。

综上所述,控制器是典型的复杂产品。由于其结构和系统异常复杂,需要控制和监视的参数多,控制回路不断增加,控制精度要求越来越高,以及发动机控制和飞机控制之间联系增加,监控、诊断、显示等功能的扩充以及寿命延长等,加之制造、试验、材料等诸方面的特殊性和复杂性,从质量的角度来看,整个生产过程的每一道工序都有多个质量特性,而每个质量特性都会对最终产品造成影响。

1.4　壳体毛坯常用的成型技术

为了减轻发动机的重量，获得高的推重比，航空发动机要求每一个产品和部件，都要完成设定的功能，进行最优化的结构设计，采用高强度低密度的材料。每一个零件以克计较，每克必争。世界各国基本都采用密度小、强度高的铝合金来做航空发动机控制器的壳体。铝合金壳体常用的成型方法有四种。

（1）棒料或板料加工成型。对形状简单的壳体，可以直接采用棒料或板料加工。机械加工的成本要高一些，但不需要毛坯成型模具，尺寸精度高，适用于样件加工和小批量加工。缺点是每个加工批次的工艺参数要加强管理和固化，才能保证各个批次尺寸的一致性。另外，对内腔的加工具有一定的局限性，不能像铸造那样可以合理通过模具设计，尽可能减少内腔的壁厚，实现减重的效果；在外表截面突变部位，严重的加工刀痕往往成为疲劳失效的源头。

（2）锻造成型。对于外部和内腔形状不是很复杂的壳体，采用模锻的方法制作毛坯，锻制毛坯内部的锻造流线按锻件轮廓分布，改善了力学性能和金相组织，提高了成品的疲劳性能和使用寿命。缺点是受工艺技术的限制，不能做形状复杂的壳体。

（3）铸造成型。金属模重力铸造成型，是采用最多的一种方法。尺寸精度高，一致性好，可以获得复杂形状的零件毛坯。制成品的成分和力学性能可以调节和控制。缺点是凝固冷却时温度场变化不均匀，容易出现成分偏析和晶粒粗大。当浇注系统设计不合理时，会产生气孔、夹杂、疏松等缺陷。

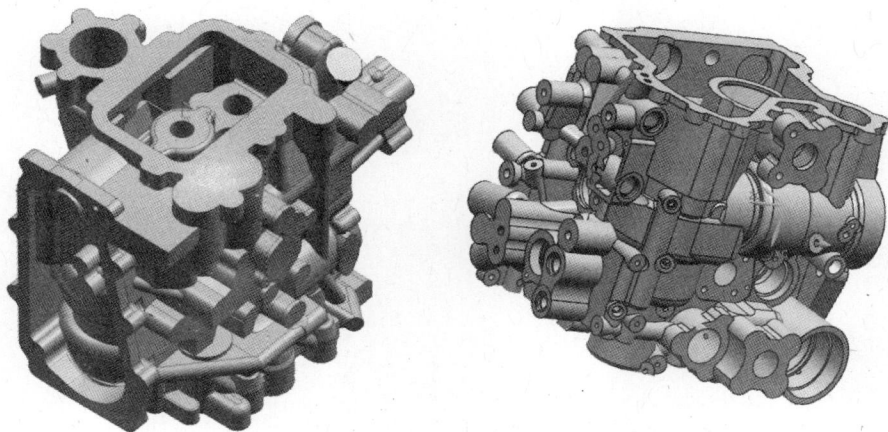

图 1-5　某航空发动机控制系统典型壳体毛坯模型图

（4）增材制造。利用3D打印技术，把三维设计图样输入3D打印机，逐层扫描堆砌成型。成品的尺寸精度高，一致性好，可以做很复杂的内外型面，减少了机械加工的工作量，力学性能较好。是近年来采用的一门新技术，其优势在于三维结构的快速和自由制造，它的出现给设计、毛坯成型、机械加工都带来了新的思路和方法，可以解决许多其他加工方法难以达到甚至不能解决的问题。但增材制造仍然包含金属的熔化与凝固过程，在成型过程中应关注该过程中产生的冶金缺陷问题。

1.5　壳体机械加工的难点及注意事项

壳体毛坯做好后进入机械加工的流程，壳体大部分的工作量都是在这个机械加工流程中完成的，加工周期最长、难度最大。有些复杂壳体加工周期长达4~6个月，200多道加工工序（上千工步）。途中有一个环节出了问题，都有可能导致成批性报废，损失大、延误时间，风险较大。因此壳体的机械加工过程，是一个缜密、细致、追求完美的过程。在编制机械加工工艺规程的时候，要充分消化设计图纸，根据现场设备、工夹量具的配置情况，总结和吸收以往的加工经验，才能制定出合理、可行、准确、高效的工艺流程和规范，取得满意的效果。因此，在加工过程中，需要注意以下事项：

（1）对工艺总方案进行构思，确定合理的工艺流程；

（2）加工机床的选择；

（3）数控加工的编程原则；

（4）机加基准、设计基准、毛坯基准的融合与统一；

（5）选取关键工序，典型加工工艺的最佳工艺参数；

（6）构思装夹方案，设计专用夹具、专用刀具、专用测具；

（7）深孔加工、活门安装孔系加工；

（8）转动部件安装孔系的高精加工（如离心泵壳体内腔、齿轮泵"8"字型腔）；

（9）结合面、安装定位面的加工；

（10）不规则、三维空间内部型腔的加工；

（11）复杂外形的加工；

（12）工艺过程仿真；

（13）去毛刺技术；

（14）大余量加工残余应力的热处理去除方法；

（15）表面处理及腐蚀防护技术；

（16）内腔清洁度的控制；

（17）快速检测方法；

（18）防止划伤、碰伤、压伤的方法；

（19）密封性和抗压强度试验；

（20）油封及存放技术；

（21）质量控制和过程记录。

第2章 壳体加工工艺准备

2.1 壳体结构特点及技术要求

壳体是航空发动机控制系统核心部件,起到支承和功能集成的作用,控制系统的其他零组件以各种方式集成到它上面,典型的壳体包含油泵壳体、调节器壳体、分布器壳体、传感器壳体、齿轮泵壳体等。

2.1.1 壳体的结构特点

壳体以铝合金材料为主,普遍采用铸件和锻件毛坯加工。其主要特点是具有一定的强度和刚性,复杂的外形,精密的孔系和繁杂的油路和内部型腔。壳体因不同的功能,有不同的结构特点,如调节器壳体为实现对不同要求的燃油调节功能,具有较为复杂的油路系统;齿轮泵壳体则为保证供油需求,具有高精度的型腔。随着发动机发展的需要,对壳体提出结构紧凑、强度高、耐高温性能及重量轻的要求。

2.1.2 壳体技术要求

壳体主要技术要求如表2-1所列。

表2-1 壳体主要技术要求

技术要求		主要表面	精度/mm	表面粗糙度 Ra/μm
形位公差		安装结合面定位孔	⊕ $\phi0.01\sim\phi0.05$ C	0.8
		安装结合面连接孔	⊕ $\phi0.05\sim\phi0.15$ C	1.6
		安装结合面	▱ $0.01\sim0.05$	0.8
		精密配合孔系	⌖ $0.005\sim0.01$ ∕ $0.03\sim0.1$ A	0.8
尺寸		配合内孔直径	IT7~IT9	0.8
		端面定位孔直径	IT7~IT9	1.6
其他		密封性试验 0.4MPa,强度试验(1~15MPa),时间通常为5min,要求不能渗漏		

2.2　壳体的材料及毛坯

2.2.1　壳体的材料

　　航空发动机壳体一般选用铝合金材料,根据不同的用途选择相应材料。壳体常用材料如表 2-2 所列。

表 2-2　壳体常用材料

材料牌号	性　能　特　点	国外对应牌号	主要用途
ZL-101	流动性好,无热裂倾向,合金浇注温度 680～780℃,线收缩率 0.8%～1.1%,体收缩率为 3.8%,铸件气密性较高。淬火后有自然时效能力。易于气焊。切削性能尚好。腐蚀稳定性能尚好	俄罗斯:АЛ9 美国:356.0 日本:AC4C 德国:G-AlSi7Mg	用于形状复杂的承受中等负荷零件。如油泵壳体、油滤壳体
ZL-105	流动性能好,合金浇注温度 680～760℃,线收缩率 0.9%～1.1%,体收缩率为 4.8%,气密性良好。焊接性良好。切削性良好。腐蚀稳定性不高	俄罗斯:АЛ3 美国:355.0 日本:AC4D 德国:G-AlSi5Mg	用于大尺寸,大载荷较高温度工作零件,如油泵壳体
2A14	热态下塑性尚好。有较高强度。良好的切削加工性。接触焊、点焊、滚焊性能良好,电弧焊和气焊性能差。可热处理强化,有挤压效应,因此纵横向性能有所差别。腐蚀性能不高,人工时效状态有晶间腐蚀倾向和应力腐蚀破裂倾向	俄罗斯:Д1 美国:2014 日本:2014 德国:EN AW-AlCu4Mgl	承受高负荷的锻件和模锻件
2A50	热态下有高的塑性。可热处理强化,在淬火人工时效状态强度与硬铝相似,工艺性较好。有挤压效应,故纵横向性能有所差别。抗腐蚀性较好,但有晶间腐蚀倾向。切削性能良好	德国:EN AW-AlCu2.5NiMgu	制造形状复杂和中等强度的锻件和模锻件
2A70	工艺性能比 2A50 稍好,热状态具有较高的塑性。可热处理强化。高温强度高。无挤压效应	美国:2618 日本:2618 德国:EN AW-AlCu2Mg1.5Ni	制造高温工作的复杂锻件

2.2.2　壳体的毛坯

　　壳体毛坯通常采用铸造和锻造毛坯两种工艺方法成型。

1. 铸造毛坯

（1）铸造。将液体合金浇注到与零件形状、尺寸相适应的铸型空腔中，待其冷却凝固，以获得毛坯或零件的生产方法称为铸造。

（2）铸造毛坯。用铸造的工艺方法成型的毛坯称为铸造毛坯。一般应用在有复杂内部型腔的壳体，这类壳体外部、内部结构复杂，重量轻，模具设计制造难度大，适合较成熟的产品，在产品需要批量加工时占优势。铸件毛坯普遍为砂型铸造件，壳体铸件毛坯图如图2-1所示。

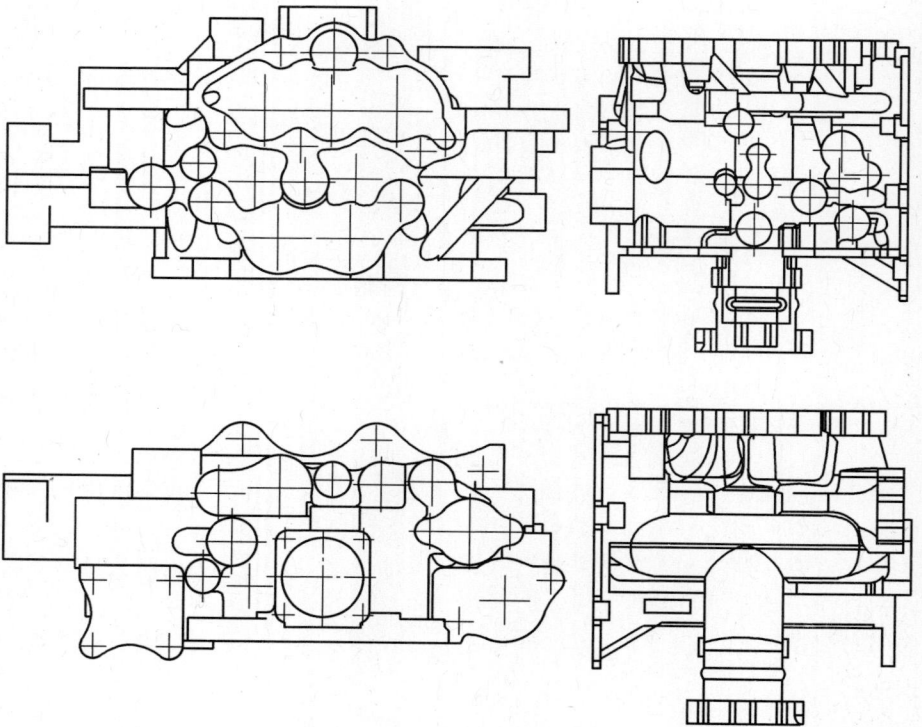

图 2-1 壳体铸件毛坯图

2. 锻造毛坯

（1）锻造。通过模具和工具利用压力使工件成型的工艺方法称为锻造。

（2）锻造毛坯。用锻造的工艺方法成型的毛坯称为锻造毛坯。航空发动机壳体主要采用自由锻立方体毛坯。

选择锻造毛坯的产品特点：

（1）壳体无机械加工方法无法成型的复杂型腔；

（2）壳体材料利用率低；

（3）机械加工工作量大，适用于新品研制、试制阶段小批量生产。

2.3　壳体机械加工工艺准备

工艺准备主要是消化设计资料,设计资料是编制机加工艺规程的唯一依据。由零组件设计图、技术说明书、通用标准制度、生产任务书等构成。

2.3.1　生产任务书识别

(1)生产任务书:生产部门按客户需求制定的生产计划。

(2)接到生产任务书后识别的主要因素:

① 工艺阶段识别:识别该产品是客户的单件试制还是批量生产。

② 生产数量识别:识别生产计划数量需求,后期任务预测。

③ 制造周期识别:识别壳体从接到任务到出产的有效生产周期。

④ 原料状态识别:识别壳体毛坯是铸件、自由锻件或棒料直接加工。

⑤ 特殊工种识别:识别设计资料上热处理或表面处理要求是什么,有无试验要求等。

综合考虑上述因素,决定工艺规程的编制形式,是简易的工艺规程还是批量生产工艺规程?从而决定工序内容是集中还是分散,工艺装备是采用万能量具和组合夹具还是专用量具和专用夹具。一般情况下,单件试制、生产周期短且结构简单的壳体,编制简易工艺规程或不是 很细化的工艺规程,原料选用自由锻件或棒料,工装量具采用组合夹具或简易工装,量具尽量选用通用量具或现有可代用的专用量具,可节约成本和工艺规程的编制时间,但现场问题较多,技术人员服务现场将耗费较多精力。反之,批量生产和前景较好的壳体在工艺编制时各工序尽量细化,型腔和外形结构复杂的使用铸造毛坯,工装量具尽量专用化,可保证批量生产过程中的质量稳定,进度可控,但工艺编制周期长,生产准备周期相应较长。

2.3.2　设计图纸消化

仔细消化零组件设计图,重点注重以下几个方面:

1. 工艺基准是否与设计基准一致

设计图的设计基准是什么位置?编制工艺规程时考虑工艺基准是否与设计基准重合。

2. 零件构成要素的精度

孔径本身精度包括孔径公差、圆柱度、孔对其他部位的形位公差要求等要素。尤其需关注孔与孔之间、孔与平面或其他要素之间要求很严的形位公差或坐标尺寸,在编制工艺规程时需对是否设计专用工装量具、专用刀具,是否分粗精加工,设备能力是否满足要求等方面作仔细分析。

3. 特殊加工部位识别

特殊加工部位主要包括以下四类:

(1)带角度的直径大于 20mm 的斜孔或尺寸大于 20mm 的斜腔。

(2)深度超过 120mm 的斜油路孔。

(3)无法用普通设备或刀具切削加工的部位。例如,需电火花设备、研磨工种加工的部位。

(4)双角度的孔系或型腔。该类结构通用加工方法是五轴加工中心设备加工,目前在很多机械加工单位五轴加工中心是关键设备,大部分企业没有加工能力。

4. 壳体结构审查

重点考虑以下几个方面

(1)块状结构,加工后变形比较小。

(2)部分位置的薄壁结构,加工后存在一定变形。

(3)整体属于薄壁结构,加工后变形量很大。

根据不同结构情况,预测加工后可能产生的应力变形大小,在编制工艺规程时,采取不同的加工方法。

5. 消化设计要求

设计图样技术条件栏中的要求一定要认真理解和消化,有特殊要求的需要综合考虑,尤其是部分组合件设计图,对尺寸和一些技术特性有特殊要求,为了实现该部分要求,在编制零件工艺规程时,某些关键尺寸、工序,都得考虑组件的要求。典型零件如图 2-2 所示,零件图上尺寸标准为 $\phi31*$,技术要求栏要求:带"*"尺寸保证组件要求。在组件设计图中,该孔压入的衬套有"过盈 0.04~0.07"的要求,为了满足该组件要求,减少衬套的加工组别,一般该孔在零件加工时将公差按 H7 级进行控制。

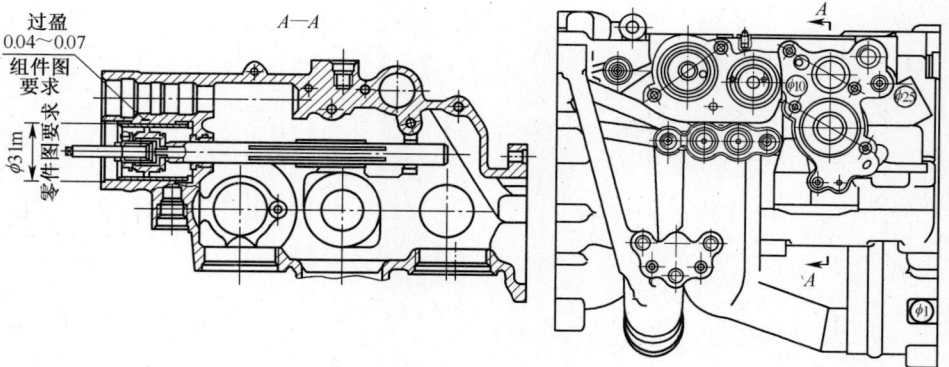

图 2-2　零件尺寸与组件尺寸相关联的结构

第3章　壳体加工工艺路线

3.1　工艺定位基准的选择

3.1.1　定义

（1）基准:零件上用来确定其它点、线、面所依据的那些点、线、面。

（2）工艺定位基准:指在零件制造和装配中所使用的基准。壳体加工中主要使用毛坯定位基准、主定位基准和辅助定位基准。

（3）毛坯定位基准:指选择毛坯的某些部位作为支承夹紧,加工出机械加工定位基准（一般为基准面和基准孔）,零件上的这些部位称为毛坯定位基准。

（4）主定位基准:指由毛坯定位基准加工出来的,在整个加工工序中,主要使用的定位基准称为主定位基准。

（5）辅助定位基准:指在主定位基准面上还需要进行一些加工,必须选定另一个定位基准。在加工工序中,主要用于加工主定位基准面上的内容,这个基准称为辅助定位基准。

3.1.2　毛坯定位基准的选择

毛坯定位基准是为了用于加工主定位基准,只有在主定位基准选定以后才进行。选择毛坯定位基准,一般要遵循以下原则:

（1）依据基准重合原则,毛坯定位基准最好与铸件划线基准一致。

（2）选在机械加工主定位基准面的平行方向,有支承和压紧的适当位置。

（3）压板的压紧力必须通过支承钉的中心,而且是实体,不能产生力矩,形成杠杆。支承螺钉可采用浮动支承钉,可以微量调节尺寸。图 3-1 所示为浮动支承钉的典型结构,有标准件可以选择,标准号为 HB 7028.25—74。

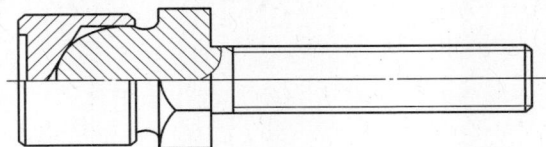

图 3-1　浮动支承钉的典型结构

（4）毛坯定位基准选取不进行机械加工或加工余量均匀的表面或凸台。

（5）毛坯定位基准要求整个零件外形的分布必须是三个点或者四个点，各点之间的距离越远，调整的精度就越高。

（6）毛坯定位基准，尽量不要选在零件的薄壁处，以免将零件压变形。

（7）对于所有表面都要加工的零件，选取余量和公差最小的表面作为基准，避免余量不足造成废品。

（8）如果在选择毛坯定位基准时，在零件上找不到适当的位置，可以从两个方面加以解决：

① 先加工辅助定位基准，再用辅助定位基准反过来加工主定位基准。如图3-2所示壳体就采用了这种方法，该壳体选择该加工方法是根据壳体外形特征的具体情况决定的。

从图3-3可以看出，壳体的六个面，只有两个面上的凸台可以作为毛坯定位基准，如果先加工主定位基准，找不到适当的凸台和面来作为毛坯定位基准。另外，该壳体加工选择的设备是三轴加工中心，如果加工单位具备卧式加工中心或五轴加工中心，该壳体的加工将简单很多，但是总体工艺思路相似。

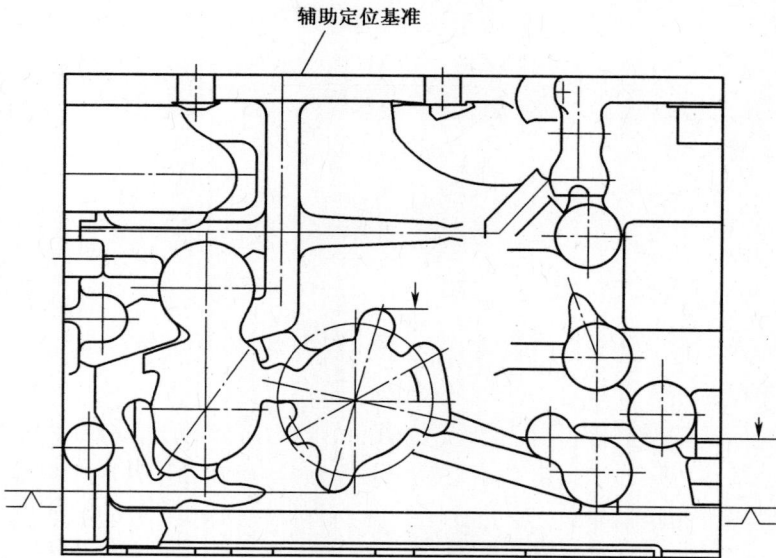

图3-2 壳体毛坯定位基准示意图

② 在一般情况下，新壳体试制，受市场和生产周期的制约，编制机加工艺规程和毛坯铸造差不多同时进行。编制者首先要选定主定位基准，然后考虑毛坯定位基准，如果壳体外形上找不到适当位置可作为毛坯定位基准时，可与铸造厂家协商。在适当位置增加工艺凸台，或者在铸造厂家毛坯图会签时提出增加工艺凸台。

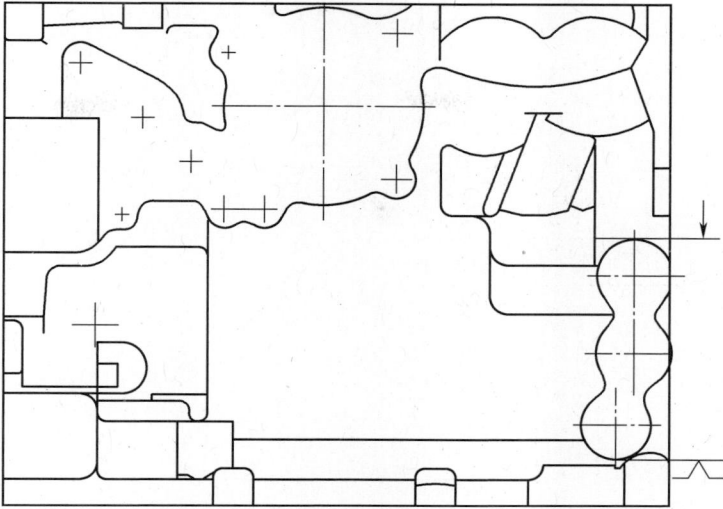

图 3-3 图 3-2 零件图的反面

例如,参看图 3-4 和图 3-5,主定位基准和辅助定位基准选定以后,就要选毛坯定位基准。

根据该壳体的外形结构,分析支承和压紧点的分布。K 向必须有一处支承和压紧点,否则基准面很难调整。而 K 向面上又找不到用于毛坯定位的台和平面,所以只能在 K 向面上增加工艺凸台。

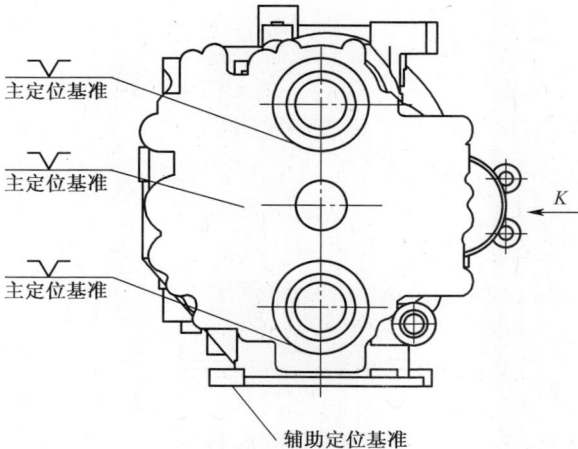

图 3-4 加力壳体主视图

根据壳体外形的结构特点进行分析,必须要增加一处作为毛坯定位基准的工艺凸台。该凸台放在什么位置,主要考虑以下三点:

(1)毛坯定位基准位置分布的需要,尽量按正三角形分布。

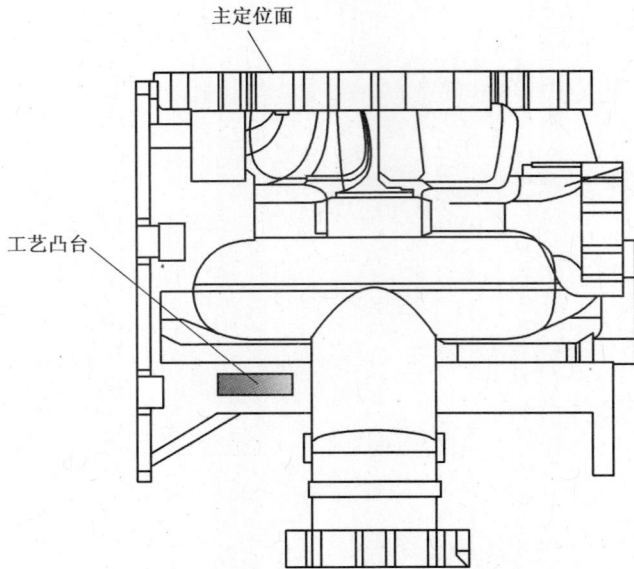

图 3-5　*K* 向顺时针旋转 90°视图

（2）毛坯铸造是否能实现，要考虑铸造拔模问题。

（3）便于机械加工去除。图 3-6 和图 3-7 所示为典型结构之一，因加工主定位基准的毛坯基准点不好选择，在图示位置增加工艺凸台，主定位基准加工完成后反过来通过主定位基准定位可在铣床或加工中心设备上去除该工艺凸台。

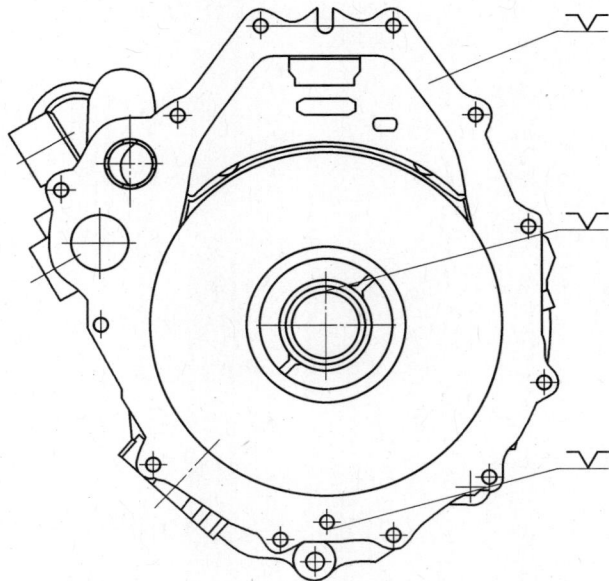

图 3-6　高压泵盖

工艺凸台

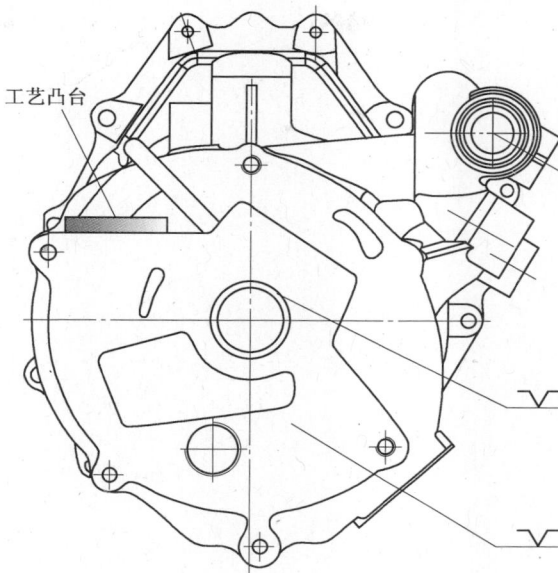

图 3-7　高压泵盖

3.1.3　主定位基准的选择

壳体在整个加工工序中,几乎都使用主定位基准来装夹定位完成,主定位基准选择合理与否,直接影响产品的加工质量、工装制造、工人操作,甚至产品的后期服务返修等。因此,主定位基准的选择就显得十分重要,选取时主要从以下方面重点考虑。

1. 除了很简单的壳体以外,尽量不采用两垂直平面作为主定位基准

因为壳体的平面都是铣削加工出来的,壳体铝件居多,难以用磨削加工的方法提高表面精度。一个平面本身的平面度公差就比较大,与主定位面形成定位基准的另外一个侧面,相互的垂直度很难达到很高精度。从基准面测量位置尺寸,由于平面度误差,取不同点测量其数值不相同,往往超出尺寸公差。如何判定是否合格,将带来很多麻烦。所以尽可能采用平面和两孔为定位基准。

工装(包括平口虎钳、组合夹具)本身的误差,也对加工和测量位置尺寸造成不稳定。壳体加工到一定尺寸以后,会不同程度产生变形,导致外形面变形很大。再用该面定位,很难保证相对位置的准确性。

2. 主定位基准最好与产品设计基准重合

如果有比较合适的压紧位置,加工又比较方便,主定位面又足够大,工艺基准与设计基准重合时比较理想。尺寸直接从主定位基准标出,避免了很多尺寸和公差的换算,减少工艺规程编制过程中的差错。尺寸很直观,省去编制和校

23

对很多换算时间。例如,图 3-8 所示为设计基准的 X 轴和 Z 轴与工艺基准的 X 轴和 Z 轴重合的情况,在工艺编制时,该两方面的坐标尺寸和设计图一致,只用对 Y 坐标尺寸进行尺寸公差换算。

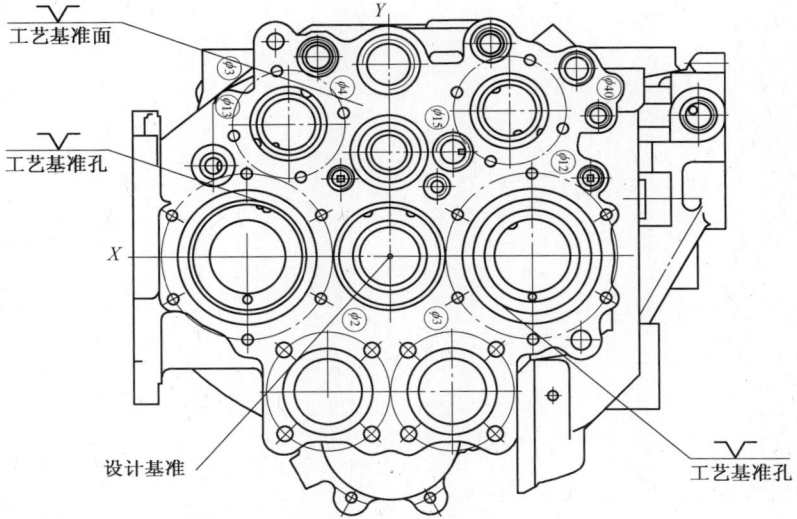

图 3-8　加力壳体主视图

例如,图 3-9 和图 3-10 所示是设计基准和工艺基准完全重合的情况。

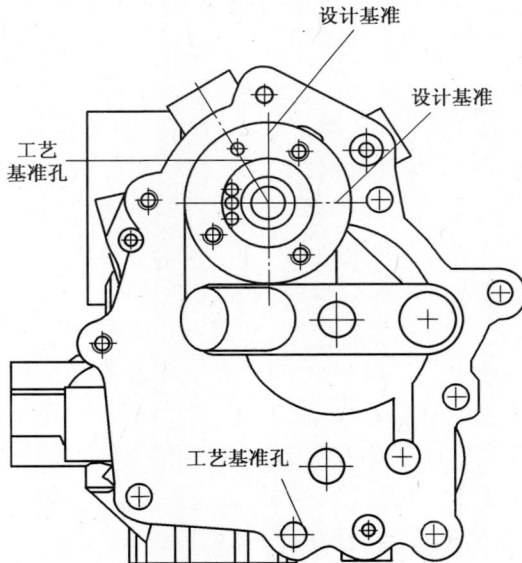

图 3-9　设计基准与工艺基准重合图例

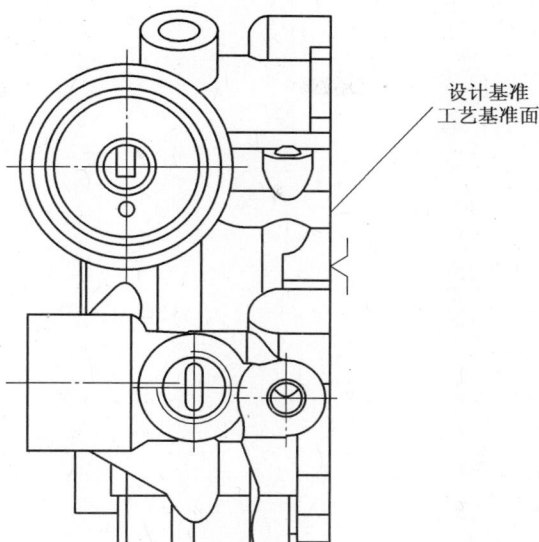

图 3-10　设计基准与工艺基准重合图

主定位基准与产品设计基准重合也存在两个问题：

（1）壳体的设计基准一般选在两个定位销或关键孔系的中心线上，往往孔径较小，坐标尺寸公差很严，为保证定位销孔精度，一般不采用销子孔作为主定位基准。而设计基准中的孔一般是该产品的重要部位，为保证其精度，在机加工艺路线设计中采用粗精加工。因此，在设计制造组合夹具定位板时，粗精加工两块定位板，如果用一块定位板就得来回更换定位销，对精度会有一定的影响。

（2）用精加工以后的孔定位，定位销容易将孔划伤造成返修或报废。

3. 主定位基准中的定位面，要有足够的面积，以保证加工过程中的稳定性

定位面太小，稳定性就差，当切削力较大时，整个壳体就有可能产生松动，自然就保证不了相对尺寸的位置。如果壳体形状决定只能用某处小面积为定位面，那就必须采取必要的工艺措施。

例1，图 3-11 所示的离合器执行器缸体，根据其结构进行分析，主定位基准只能选在"M"面和孔"D"上，角向定位"d"。这样就存在两个问题：

（1）定位面太小，稳定性差。

（2）角向定位销与主定位孔之间距离太小，很难保证角向定位精度。

解决的较好办法是毛坯铸造时增加一处工艺凸台，在虚线所指处增加一个工艺凸台是比较理想的，但铸造无法拔模，现只能将 B 面加厚与主定位面 M 齐平，在加厚面作一处角向定位工艺孔，以上两个问题就得到了解决。

例2，图 3-12 所示调节器壳体，通过对其结构分析，体积比较大，约为 203×

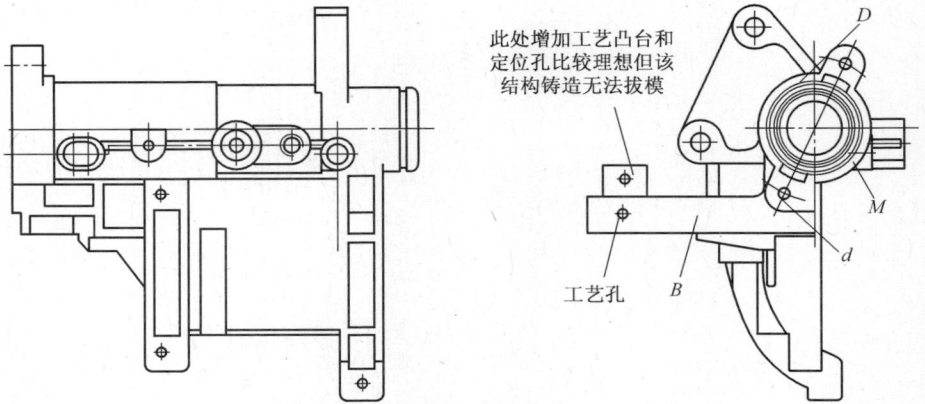

图 3-11　离合器执行器缸体

179×176,加工的孔径均比较大,相对余量也比较多,因此要求定位基准面有足够大才能保证定位的稳定性,但选定的定位基准面相对比较小,所以必须采取工艺措施。增加 4 处工艺凸台 $K1 \sim K4$,定位基准面就稳定了。

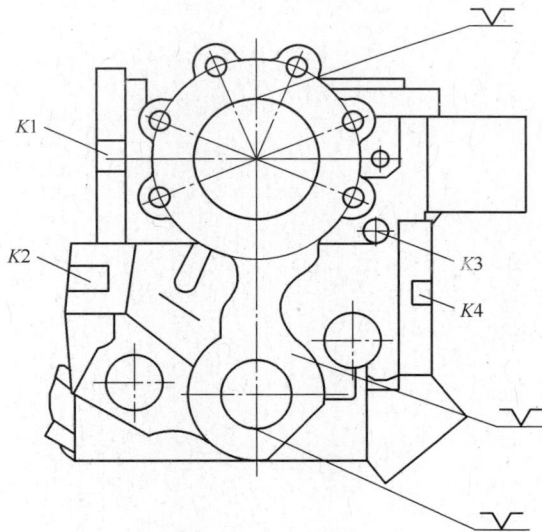

图 3-12　调节器壳体

4. 选好主定位基准的角向定位

角向定位点一般距主定位孔距越远越好,距离越大,定位精度越高。每个壳体的外形结构各不相同,必须根据壳体结构特点进行具体分析,不能一概而论。如果壳体受结构形状限制,选不到适当的角向定位点,那就要采取工艺措施。工艺措施包括两种情况:

(1)有铸造毛坯的壳体,可以与铸造厂家协调,增加一处工艺凸台,加工成角向定位孔,待加工完成后,把凸台去掉即可。

（2）用棒料或自由锻件毛坯加工外形,可以留一处工艺凸台,作为角向定位用。

结构分析:

① 从图 3-13 和图 3-14 可以看出,除了现在选的主定位基准以外,再没有其他合适的地方能作为主定位基准,说明选择是合理的。

② 如果不增加角向定位工艺凸台,无论选哪个点作为角向定位,都显得距离太近,很难保证加工进度。

③ 图 3-14 和图 3-15 结构类似,安装面只占了整个壳体的 1/2 左右,也就是说,约一半的结构是悬空的,纵使不从角向定位考虑,加工时也必须将悬空部分支承起来;否则,振动太大无法加工,增加角向定位工艺凸台,是一举两得的办法。

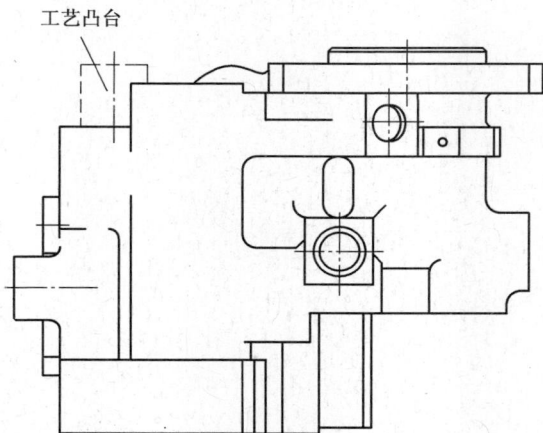

工艺凸台

图 3-13　壳体(一)

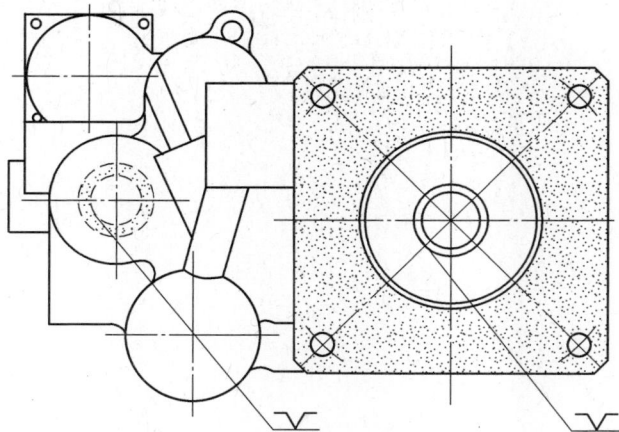

图 3-14　壳体(二)

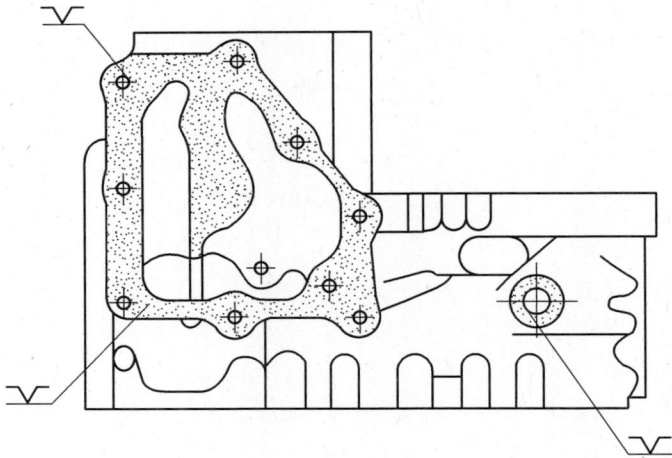

图 3-15　控制器壳体

5. 主定位基准原则上粗精加工不变换

该要求主要从以下两方面进行考虑：

（1）中途更换定位基准会带来很多位置的尺寸累计误差。

（2）产品加工完后，难免会有返修情况，特别是在装配时，发现个别尺寸或外形，设计不合适，需要进行返修，工装仍然能使用。

根据多年来壳体定位基准选择的情况分析，通常是选在壳体安装面及安装面上距离较远的螺栓孔。

6. 选择主定位基准时，还要考虑压紧位置

在选定主定位基准的同时，必须考虑壳体装在夹具上的压紧位置，压紧点选择合适与否，直接影响主定位面与夹具定位面的完全贴合度，造成加工误差，薄壁壳体还会引起变形，压紧点也就是压紧力必须通过零件实体压紧于夹具的支承面上，除特殊情况外，均遵循此原则，目的是不使压紧力与夹具支承面产生杠杆力。

如果零件在某个方向上无法找到压紧的地方，可以采取：

（1）铸件毛坯上增加一个工艺凸台。

（2）外形加工件，在外形加工时留一处压紧的工艺凸台，待尺寸加工完毕后，安排一道工序去除工艺凸台。

3.1.4　辅助定位基准的选择

辅助定位基准的主要作用，就是用于加工主定位基准面上需要加工的内容作为定位之用。通常情况下，主定位基准面上除了定位孔以外，需要加工的内容很多。尽管如此，凡不是一次性加工的产品，也必须与主定位基准一样，设计组合夹具定位板。

　　当然,要根据壳体的结构情况作具体分析,有些壳体除了安装面选做主定位基准以外,其余五个面很难找到一处可作为辅助定位基准的地方。而主定位基准面上需要加工的内容又不多,这种情况下,就可以不选辅助定位基准,主定位基准面上的内容一次加工完成。

　　例 1,图 3-16 所示阀体,主定位基准选在该壳体的安装面上,其余 5 个面都是小平面和凸台组成。没有适合的位置作辅助定位基准。安装面上需要机加的部位除了定位面外只有一个型槽和 5 个孔需要加工,加工内容不多,其中孔 I 孔径为 φ32H8 深 35mm,槽 II 宽为 25+0.20,孔 III 为 φ4 深 16mm 的油路孔,两处定位孔为螺桩过孔,精度也不高,均无须分粗精加工,可以在加工中心设备一次装夹完成全部尺寸加工。

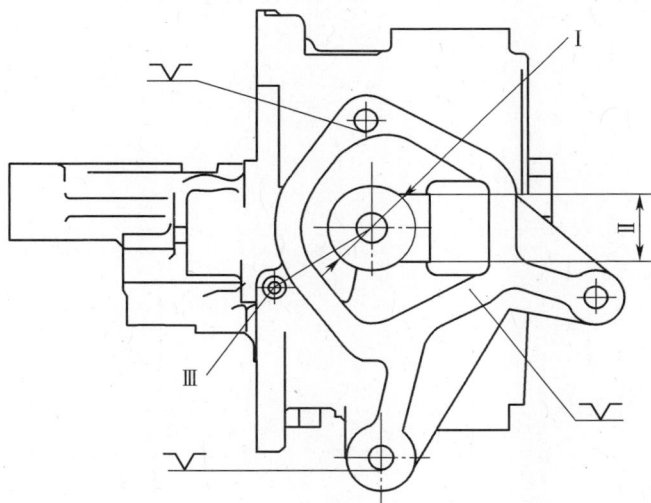

图 3-16　阀体

　　例 2,图 3-17 所示分布器壳体,主定位基准在该壳体的安装面上。

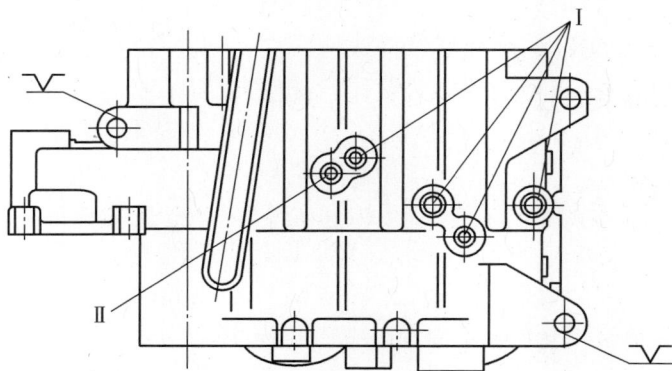

图 3-17　分布器壳体

29

结构分析：该壳体安装面上需要机械加工的部位只有Ⅰ—4处直孔油路、Ⅱ—1处斜孔油路，只要解决了油路的加工问题，该壳体就没有必要选辅助定位基准。

解决方案：如图3-18所示，增加一道粗加工工序铣冒口，同时作两处粗定位孔，用组合夹具定位完成安装面上的各油路加工。

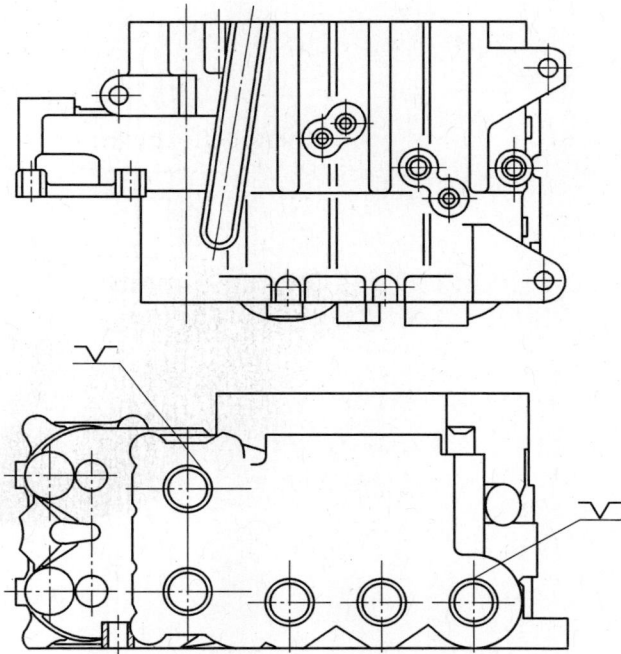

图3-18 分布器壳体粗基准示意图

当主定位基准选定以后，辅助定位基准可选在主定位基准以外的5个面的任意一个面上，但必须与主定位基准面垂直或平行，如果选在与主定位基准面成夹角的斜面上，将会给工装设计制造增加很大难度，另外也将增加尺寸链换算的难度，同时压紧的位置也不好选取。一次，辅助定位基准的选择受到的约束相对较多，这就提高了组合夹具设计的难度，需要采取一些特殊的办法。如图3-19所示壳体的加工，因该壳体辅助定位基准在其余5个面上均无合适的位置，定位面均很小。经过现场加工实践证明，上述定位方法因定位面太小，压紧点距离定位面距离太大，定位稳定性和重复性较差，导致加工平面Ⅰ及面上环形槽时，尺寸不稳定。从而寻求另外一种比较稳定的定位和压紧方案，如图3-20所示。

该结构采购两个台阶平面A和B作为副定位基准的基准平面。选取思路如下：

压紧垫块

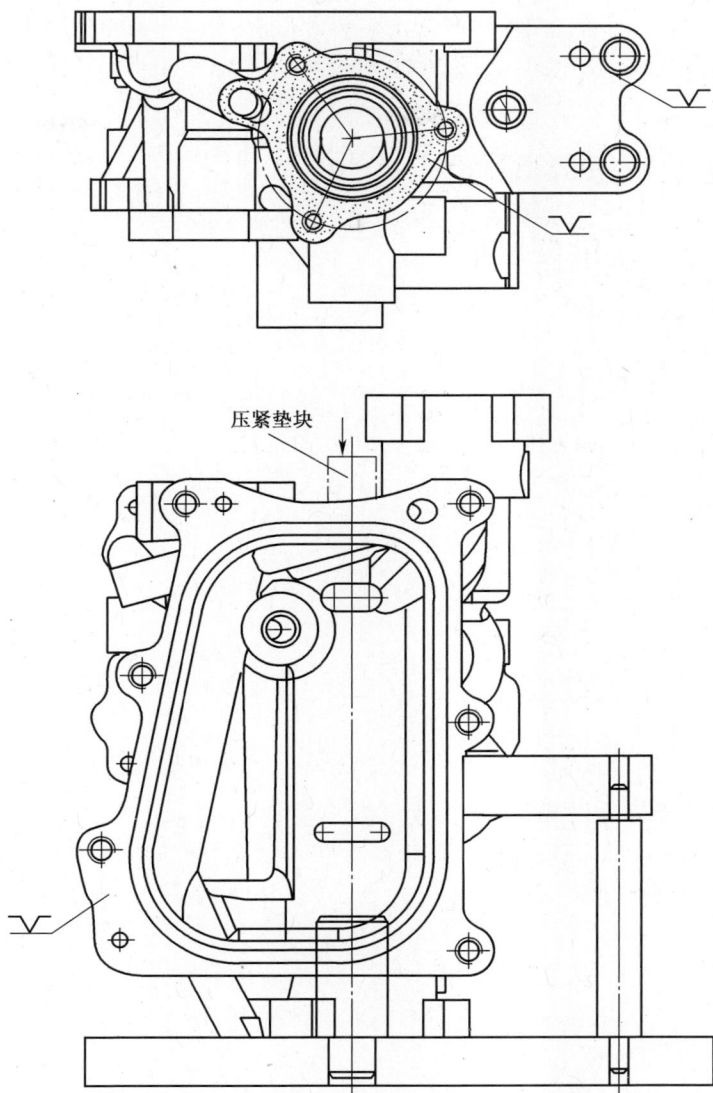

图 3-19　分布器壳体工装设计图

（1）A、B 平面虽然不在同一个平面上，但该两平面由加工中心设备一次性加工完成，一批零件的高度差精度可保证在 0.01 范围内，通过数控平面精磨工装定位台阶，可把公差工装台阶高度差精度控制在 0.005 以内，可满足定位要求。

（2）两个定位平面均可选取适当的压紧位置。

总之，凡遇到上述类似定位结构，只要在加工两个平面的工序中，规定两平面由加工中心一次装夹铣削完成，公差控制在 0.02 内，该思路均可使用。

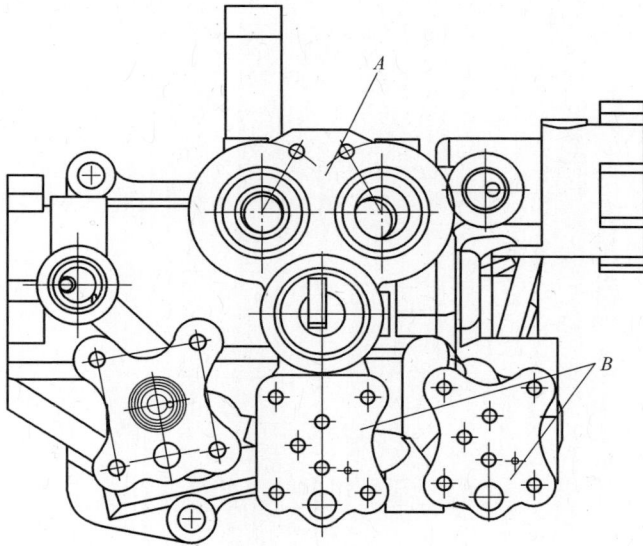

图 3-20　分布器壳体主视图

3.2　工艺阶段划分

在制订工艺路线时,为确定各表面的加工顺序和工序数目,按工序性质的不同,可分成粗加工、半精加工、精加工三个阶段。

（1）粗加工:即去除各表面或孔系的大部分余量的加工。因此粗加工采用大切削用量提高生产率。粗加工阶段还要加工出精基准,供下道工序加工定位使用。

（2）半精加工:这是一个过渡阶段,依据误差复映规律,采用多次加工,减少粗加工留下的误差,为主要表面的精加工做准备,并完成一些次表面的加工,半精加工一般安排在热处理前完成。

（3）精加工:即保证零件各主要表面达到图样规定要求的加工。实现手段是均匀切除少量加工余量,精加工阶段通常安排在热处理后进行。

按加工特点的不同,可分为基准加工、孔系加工、油路孔加工、型腔加工、螺纹加工五个阶段。

（1）基准加工:顾名思义,加工壳体基准面和基准孔的工序加工称为基准加工。基准加工时可同时完成非基准尺寸的加工。

（2）孔系加工:对壳体上同一中心线上一组孔及槽的加工称为孔系加工。经常壳体一个面上会同时出现多组孔系,一般无特殊要求可在同一道工序上加工。

（3）油路孔加工：航空控制器壳体油路孔直径一般在 $\phi6$ 以内，并且与基准面成不同角度，不能油路孔由双角度构成。对该类孔的加工称为油路孔加工。

（4）型腔加工：航空控制器壳体型腔一般由铸造和机加成型，根据结构不同选用设备不同，通常选用加工中心和电火花设备加工，优先选用加工中心，当使用刀具旋转加工无法实现时选取电火花设备进行特种加工。对该类型腔的机械加工称为型腔加工。

（5）螺纹加工：航空控制器壳体上存在大量的螺纹结构，基本上是内螺纹，成型办法主要有两种：尺寸较大的螺纹一般依靠螺纹刀铣削或者车削加工，小于或等于 M8 以下的螺纹无特殊要求一般选用丝锥攻螺纹。对壳体上螺纹的成型加工称为螺纹加工。

3.3　工艺规程的编制

工厂的工艺规程是产品加工的法律，这部法律执行的好坏，有两个重要的因素：一是让工人读懂法律，一目了然，知道法律的内容和执行方法。因此，这部法律的制定就成为关键。一件产品，机械加工的工艺方法很多，随着机床设备精度和性能的提高，先进工艺方法的推广应用，机械加工的工艺方法就更多了。如何编制好既简单又方便，质量保证可靠，经济效益更高，管理更简便的机加工艺规程，这就成了工艺员的重要课题。二是要求工人完全看懂和正确。执行工艺规程，工人就应具备一定的技术素质和较强的责任心，熟悉和掌握好机床设备。

根据公司多年来所遇到和经历的挫折及失败的教训，建立总体构想非常重要，前几节已经说过，设计图纸已经消化了，主定位基准和辅助定位基准已经选定。编制具体工序前拟一个总体构想，它应包括以下几个方面的内容：

（1）根据壳体外形和结构情况，确定先加工主、副哪个定位基准，以便设计制造加工该基准的夹具。如果是自己设计，本车间制造，应先设计出专用夹具图纸，争取制造夹具时间与编制工艺规程的时间重合。

（2）根据设计图要求孔及位置的精度，壳体外形结构，综合考虑加工后是否会变形，确定哪些孔和位置需粗精加工。

（3）哪些油路孔是通过孔壁的，必须安排在孔加工前先钻油路孔。

（4）壳体表面处理。一般都是阳极化和表面涂漆。阳极化工序安排在粗加工后进行，还是安排在壳体全部加工完后进行，主要考虑设计图对阳极化层的要求以及组件压套孔最好没有阳极化层。涂漆一般放在最后工序进行，避免涂层碰掉。

第4章 壳体加工主要工序

4.1 壳体的划线

壳体毛坯精度低,毛坯未注公差通常按《铸件尺寸公差》HB 6103—1986 CT7～CT8,最小公差 0.74～1mm。所以毛坯上的定位基准不能作为机加主定位使用。按《铸件尺寸公差》HB 6103—1986 规定:铸件的基准可用指定的点、线或局部表面,即基准目标来体现。基准目标应按 GB 1182—1980《形状和位置公差代号及其注法》的规定在铸件图样上注明。基准目标由供需双方商定。

综上所述壳体加工的第一道重要工序,是划线工序或称为开基准工序,传统采用划线方法,通过两次划线实现,第一步划线确认出平行于毛坯基准平面的基准面,第二步划线确定角向位置。现在有了数控设备后,划线工序则采用划线和打点两种方法相结合,使用三轴加工中心延续使用划线开基准,使用四轴、五轴加工中心则可以根据坐标点位置直接在毛坯上打点和装夹干涉面采用划线相结合的确认基准方法。

4.1.1 壳体的划线步骤

(1)将毛坯基准用锉刀打磨平整无凸出物。

(2)将夹具安装至机床上,找正夹具并将夹具压紧在机床上,保证夹具在加工中无松动现象。

(3)将壳体按工艺规程基准要求安装到夹具上,壳体的毛坯基准面与夹具定位面应贴合(注:零件应左右晃动使其定位孔与夹具定位销完全贴合)。

(4)压紧时应使零件受力均匀,并有足够的压紧力。压紧力应在夹具支承点形成面范围内防止零件压紧时移动。

(5)压紧后检查壳体毛坯基准面与夹具定位面应紧密贴合(注:以 0.05mm 塞尺检查通不过为准)。

(6)根据找正结果与工艺规程要求设置机床的程序零点。

(7)粗加工机加基准面及定位孔(注:面和孔都要留有 1mm 的余量,保证不会因为毛坯划线后进行调整时,没有余量再次进行加工)。

(8)将零件卸下按工艺规程要求对其进行冲点或划线检查(对有冲点工装

的毛坯,可直接用工装进行冲点检查)。如不合格,应相应调整夹具或程序直至
划线合格。

4.1.2　壳体的划线工序

1. 划线工序简图(图 4-1)

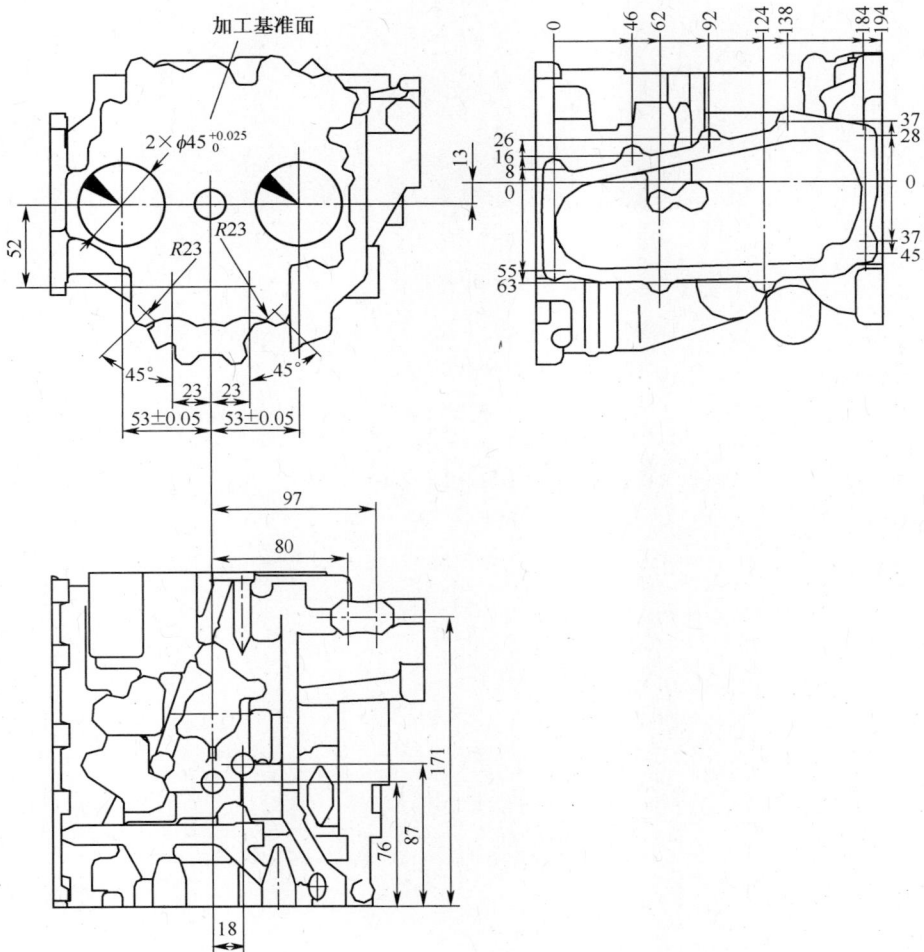

图 4-1　划线工序简图

2. 划线步骤(图 4-2)

(1) 首先将已加工的面放在平台上用高度尺根据图纸尺寸加上余量 1mm
直接进行划线,根据所划线对毛坯的凸台、对称中心和非加工的自由表面等偏
移量来确定已加工面的余量多少。

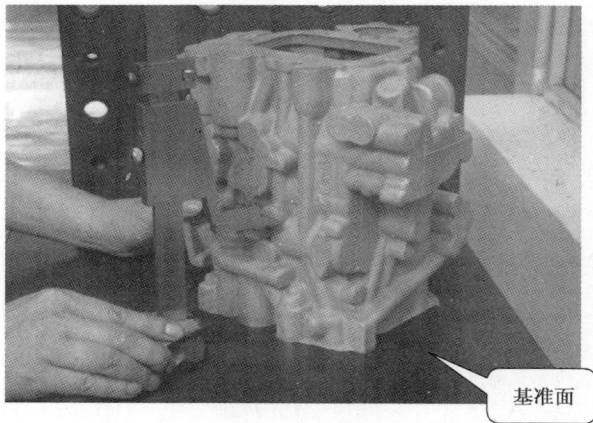

图 4-2　画线步骤(一)

（2）将零件安装专用夹具或组合夹具上翻转 90°。以加工的定位销孔为基准,划与已加工的机加基准面垂直方向的线。

图 4-2　画线步骤(二)

（3）将零件与专用夹具或组合夹具再向上翻转 90°。以加工的定位销孔为基准划另外一面与已加工的机加基准面垂直方向的线。

（4）根据所划线对毛坯的凸台、对称中心和非加工的自由表面等偏移量来确定已加工面的余量及其他两个方向毛坯的加工余量是否满足工艺规程要求。如不合格,对夹具及设置的机床程序零点进行调整,重复上述划线步骤,直至零件划线满足工艺要求为止。

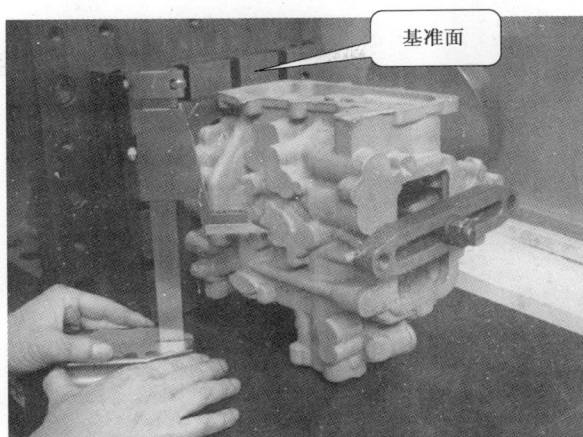

图 4-2　画线步骤(三)

4.2　壳体结合面的加工

壳体结合面一般平面度要求较严,普遍要求平面度小于或等于 0.05mm 需要密封防渗漏。工艺方法主要采用铣削加工,分粗、精加工,通常在铣削后,再进行手工研磨。

壳体结合面在实际加工过程中,经常会作为定位面或尺寸基准使用。导致频繁使用,会有轻微划痕,为确保最终要求,通常在机械加工后增加研磨工序或铣削工序。

4.3　壳体附件安装孔或压套孔的加工

壳体上附件安装孔要求尺寸精度和位置精度较高,为保证位置精度,通常这种孔系安排在加工中心上一次装夹加工,通过钻、铣、镗或铰完成。为防止变形,必要时可分粗、精加工。

壳体压套孔要求尺寸和位置精度很高,除安排在加工中心上一次装夹加工以外,为保证压装衬套密封性,还应适当增加研磨加工保证压套孔的形状公差和粗糙度。

选用设备加工中心(三轴加工中心 635V 或四轴加工中心 DMG65H)进行附件安装孔的加工工序简图如图 4-3 所示。

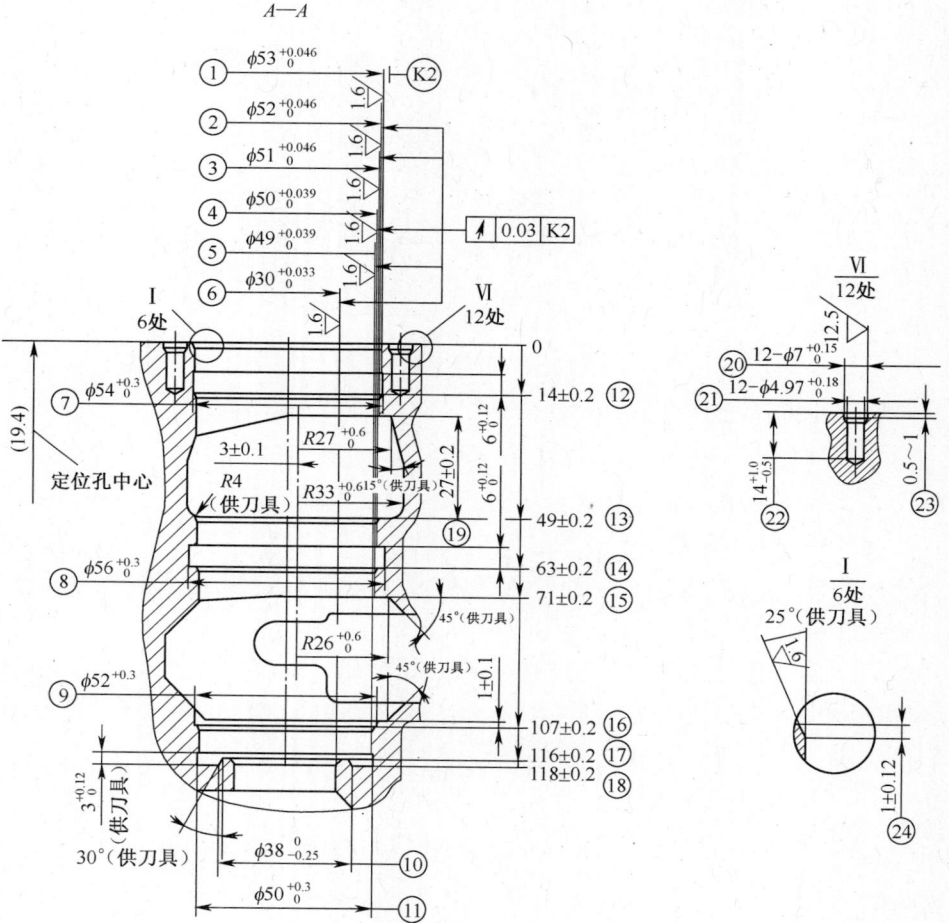

A—A

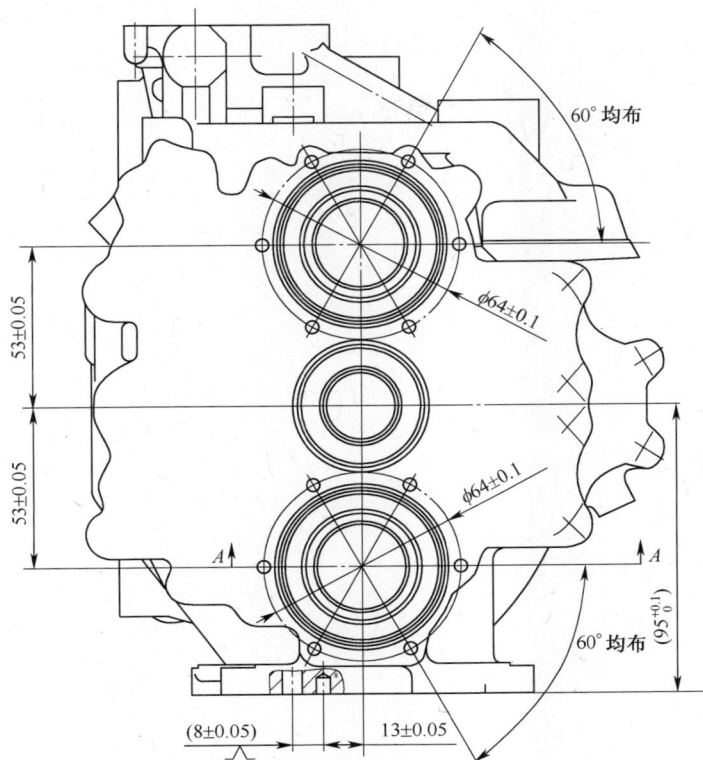

图 4-3　安装孔或压套孔

4.4　壳体定位销孔的加工

壳体定位销孔要求位置公差和尺寸精度很高,尺寸公差普遍 H7;尺寸规格小,普遍小于 $\phi6$,目的是保证零组件间的位置关系。传统加工工艺采用加工零件与配装零件一起加工,这种加工工艺一致性好,但互换性不好,不利于产品修理。随着数控设备的发展,加工工艺采用控制与附件安装孔的位置公差,一次装夹加工完成。

传统加工工艺主要采用钻铰的方式,数控加工工艺采用钻铣的方式加工。

4.5　壳体的油路孔及型腔加工

壳体油路孔主要起沟通作用,传统加工工艺利用钻模定位在大钻床上加工或在铣床加工。钻模的使用提高了产品的加工成本,效率低。铣床加工一次合格率较低,对操作者要求高,加工效率低。现在普遍采用加工中心,加工质量稳定,效率高。

壳体油路孔的加工工艺步骤主要是铣面、定中心、钻孔。

壳体型腔也是起着沟通作用,常规的机械加工无法实现。针对铸件产品尽可能地采用铸造型腔,难度较大的采用电加工,效率较低。

4.6 壳体的清洁度工艺

清洁度是航空附件控制系统中关键控制点,它主要控制燃油清洁度,以及产品加工中的"清洁度工艺"即去毛刺工艺和冲洗工艺。

壳体作为控制系统的关键零部件,是通过油的流量或压力变化达到控制的目的,壳体清洁度控制是保证控制系统正常工作的重要工艺措施,是壳体加工工艺的关键工序。

4.6.1 航空燃油清洁度标准

燃油污染(油中含有机械杂质和水分,以及生长霉菌等)直接影响飞机的工作性能及可靠性,甚至酿成突发性实效,危及飞行安全。

1. 燃油生产标准中的清洁度指标

我国国家标准 GB 438—1988《1 号喷气燃料》、GB 1788—1988《2 号喷气燃料》分别规定 RP-1、RP-2 燃油中应无机械杂质和水平(用玻璃量筒目视检查),GB 6537—1986《3 号喷气燃料》对我国新牌号 RP-3 燃油规定用"实测"方法测量固体颗粒物质。

俄罗斯国家标准 ГOCT 10227—1986《喷气发动机用燃料技术条件》对 TC-1、T-1、T-2、PT 牌号燃油的规定与上述我国国家标准相同,但多了一条:如目测有争议时,用专门方法检测,机械杂质按重量计不得超过 3ppm。

美国军用标准 MIL-T-5624J《JP-4 和 JP-5 航空涡轮发动机燃料》、MIL-T-83133C《JP-8 航空涡轮发动机燃料》对 JP-4、JP-6、JP-8 牌号燃油的规定是固体颗粒物质不得多于 1mL/L。

2. 油液污染度分级标准

在飞机的液压系统中,油液污染度是倍受关注的焦点问题。各国都进行了大量研究,并制定了"工作液固体污染度分级"标准。

美国航空航天标准 NAS 1638《液压系统零件的清洁度要求》按固体颗粒的尺寸和数量,将液压油污染度分为 00,0,1,2,…,12 等 14 个等级;我国航空工业标准 HB 5930—1986 的 A 分级制度与 NAS1638 中以颗粒计数为基础的分级制度相同;俄罗斯国家标准 ГOCT 17216—1971《油液纯度等级》则将油液污染度分为 19 个等级,数据与 NAS1638 明显不同。

一般规定,飞机液压系统的污染度应控制在 NAS1638 的 8 级水平以内。

就我们所知,目前国内外尚没有燃油污染度分级标准。上述标准对燃油污染度分级问题有一定指导意义。

3. 燃油使用的清洁度标准

与液压系统不同,国内外对燃油系统的清洁度问题尚没有一个明确的定量定级的标准,但可以从一些有关的标准中间接地找到这方面的要求。

如我国的 GJB 406—1987《加注轻质燃油罐式汽车》中第 3.3.5 条规定:"过滤后的燃油质量应达到游离水含量不大于 30ppm,杂质含量不大于 1mg/L"的要求。这条规定与美军标 MIL-STD-1548A《飞机在民用机场加注燃油和滑油》中第 3 章"燃油服务设备和要求"中的规定指标完全相同。显然,这个指标是低水平的,它只是要求燃油维持出厂时清洁度水平,防止新污染物的进入。而美军标 MIL-F-8901E 的要求较高,规定经过过滤的燃油中固体颗粒不超过 0.25mg/L,其中最大颗粒尺寸不得大于 5μm。俄罗斯的《某发动机使用说明书》的第 1.9.3 条则明确规定:"加入飞机油箱内燃油的清洁度要求为微粒尺寸不大于 5~7μm";在另一份说明书的第 3.4.4.4 条还明确规定:"发动机进口燃油清洁度,不低于 9 级(ГОСТ 17216—1971)",这个水平相当于 NAS 1638 的 5~6 级之间。这是我们迄今见到唯一一份对燃油使用清洁度有明确定量规定的发动机资料,很有参考价值。此外,国际航空运输协会规定燃油中游离水含量不得超过 30ppm,机械杂质不得超过 0.00012%。英国空军文件要求燃油机械杂志不得超过 0.0001%。

4. 关于燃油附件抗污染能力的标准

我国国家军用标准 GJB 241—1987《航空涡轮喷气和涡轮风扇发动机通用规范》是参照相应美军标 MIL-E-5007D 编制的,而 GJB 242—1987《航空涡轮螺桨和涡轮轴发动机通用规范》的相应美军标是 MIL-E-8593A《飞机螺旋桨发动机通用规范》。在定型考核试验项目中,上述两项国军标均在第 4.6.2.2.6 条中规定:用污染的燃油进行"室温持久实验",污染物质浓度为 11mg/L,加到(飞机)油箱的下游;对发动机油滤的清洗频度,应保证油滤不堵塞,不打开旁路活门。在上述条件下,试验 300h 或 1800 次飞行循环,被考核油泵或调节器应能正常工作。

俄罗斯 ПАКЪ 规范 02-2019《燃油附件抗污染试验》规定:杂质预先经过 No.0045 号网筛(45μm)过滤,污染物浓度为 6ppm(比美军标规定低一些)。试验按两个阶段进行,第一阶段与美军标相仿,时间等于初始寿命(军机一般为 300h),第二阶段则要求人为地堵死油滤网,使旁通活门打开,污染油直接进入油泵——调节器,试验时间按最大续飞时间的一半计,期间产品应能正常工作。

从上述标准看来,对燃油系统燃油附件的抗污染能力要求可以这样理解:

(1)油泵——调节器应能够经受超常量的小尺寸(发动机油滤滤不除的)固体颗粒杂质的侵袭,并保证最低寿命。这些小尺寸杂质(10~15μm以下的)约占全部杂质的80%,浓度可达5~8ppm。

(2)在报警条件(油滤两侧压差过大)下,旁路活门打开,45μm以下的杂质大量进入附件,也应保证飞机可靠返航。

(3)发动机燃油过滤器在系统内是不可缺少的,并应经常维护清洗,保证过滤效率。

美国机动车工程师协会于1987年发布了一个新的航空航天推荐标准SAE ARP 1827,规定了发动机燃油过滤器的纳污容量及试验方法,以确保燃油进入油泵——调节器之前有一个合理的清洁度水平。

5. 对燃油污染的控制

据空军工程部外场部的调查抽样分析结果表明,我军油库、油车、飞机油箱中的燃油清洁度水平很低。污染等级均在GJB 420规定的分级标准10~12/A级之间(GJB 420相当于NAS1638)。由于多方面的原因,短期内还很难改变这种状况,目前的工作重点应放在对燃油附件采取污染控制措施方面。

ИЛ-62飞机的НК-8-4发动机齿轮泵前油滤过滤精度为20~30μm。ТУ-154飞机的Д-30КУ-154发动机油滤过滤精度为16~25μm。最新的某发动机油滤过滤精度为16~25μm,旁路也有一个40μm的滤网,调节器油路的"中心油滤"过滤精度为11~16μm,这显然比老产品提高了一个档次,大大提高了抗污染能力。在重量和体积有严格限制的情况下,能做到这一步确实是不容易的。尽管在某结构设计上采取了大量防污染措施,但《某说明书》仍然提出了飞机加油时的清洁度标准:过滤精度为5~7μm,发动机进口污染度不低于ГОСТ 17216的9级(相当于NAS 1638的5~6级),这是比较高的水平,使用可靠性有了很大的提高,使飞机有较大的安全裕度。

燃油应当洁净,产品本身也应当洁净,不应有污染源,否则,再好的燃油也失去应有的作用。我厂在长期于污染"斗争"中得出的经验是必须制定严格可行的产品清洁度标准。工厂军品设计所于1992年底发出技术单,对ZB36型J121产品的污染度作了规定:壳体的冲洗质量应当达到HB 5930的6级;验收实验时检查ZB-36E、RT-9E内部,其油液污染度应达到HB 5930的8级(暂定)。

美国污染控制专家还指出,目前广泛采用的分级标准NAS1638有缺陷,它没有要求计数小于5μm的颗粒。其实,对附件内部磨损影响最大的是1~5μm的颗粒,它直接关系到附件的寿命。鉴此ISO在NAS 1638和ISO 4406《液压传动·流体·固体微粒污染分级编码法》的老分级标准的基础上,正着手于制定新的分级标准,这对我们也是一个很重要的启发,我国也应创造条件开展对小微粒的监测。

4.6.2　壳体的毛刺工艺

1. 壳体毛刺的产生

从加工工艺特点看,壳体零件的毛坯主要以铸件或锻件为主,材料铝合金,加工的工艺方法有车、铣、钻、铰、镗、电解及电火花加工等。因其结构复杂,所以加工工序多,周期长。加工后,不同的结构、不同的加工工艺,产生的毛刺大小不同,形状不同,从而成为壳体加工的关键工艺难点(表4-1)。

表 4-1　壳体毛刺列表

加工方法	加工部位	产生毛刺部位	毛刺规格
车削	内外回转表面、端面、槽和内、外螺纹	回转表面两端棱边、槽的棱边、螺纹首尾端	毛刺比较大,毛刺根部厚度 0.05~0.4mm
铣削	非回转内外型面、直槽、平面等	铣削表面与未铣削表面相交棱边	毛刺比较大,毛刺根部厚度 0.2~0.8mm
钻削	钻孔 (钻底孔、油路孔、减重孔、锁丝孔等)	孔口部棱边两孔交接处	毛刺比较大,毛刺根部厚度 0.1~2mm
镗	镗削尺寸精度和位置精度要求高的孔	孔口边缘和内槽边缘	毛刺比较小,毛刺根部厚度 0.05~0.2mm
磨削	通常磨削内孔和表面	孔口边缘和平面周边	毛刺比较小,毛刺根部厚度 0.02~0.1mm
铰孔	铰精度要求比较高的孔	孔口边缘	毛刺小,毛刺根部厚度 0.005~0.1mm
珩磨	珩精度和光度要求高的孔	孔口边缘	毛刺小,毛刺厚度小于 0.03mm
研磨	研磨精度和光度要求高的孔和平面	孔口边缘和平面周边	毛刺很小,只是较尖的尖边

2. 壳体毛刺工艺难点

壳体去毛刺的难点是毛刺去除量大,如机加面与毛坯面之间、孔系之间、螺纹与孔系之间等(图4-4),由于产生毛刺的多样化导致去毛刺的部位复杂,不易规范,致使壳体去除效率低,质量相对也比较低。"交叉"孔毛刺是壳体毛刺最难以去除的,尤其是细长的油路孔在壳体内部交叉的翻边毛刺。复杂的相交孔系毛刺往往用肉眼无法观测,液压附件壳体内如果存在加工残余物,对整个系统是致命的危害。这就需要借助于各种辅助工具和去毛刺工艺来完成,有时一道去毛刺工序就需要十余种工具。因此,如何有效去除相交孔毛刺,将成为保证壳体零件产品性能的一个关键点。

手工去除壳体交叉孔毛刺存在如下缺点：

（1）所使用的细长刮刀很难准确到达毛刺位置，操作很不方便，用力不均，毛刺不易有效去除；而且多次刮削，容易残留刀刮的小毛刺。

（2）油路孔过多，稍有不慎就造成漏刮，消耗大量的人力和时间且质量难以保证。为了解决手工去除交叉孔毛刺难题，必须改变现有加工方法。

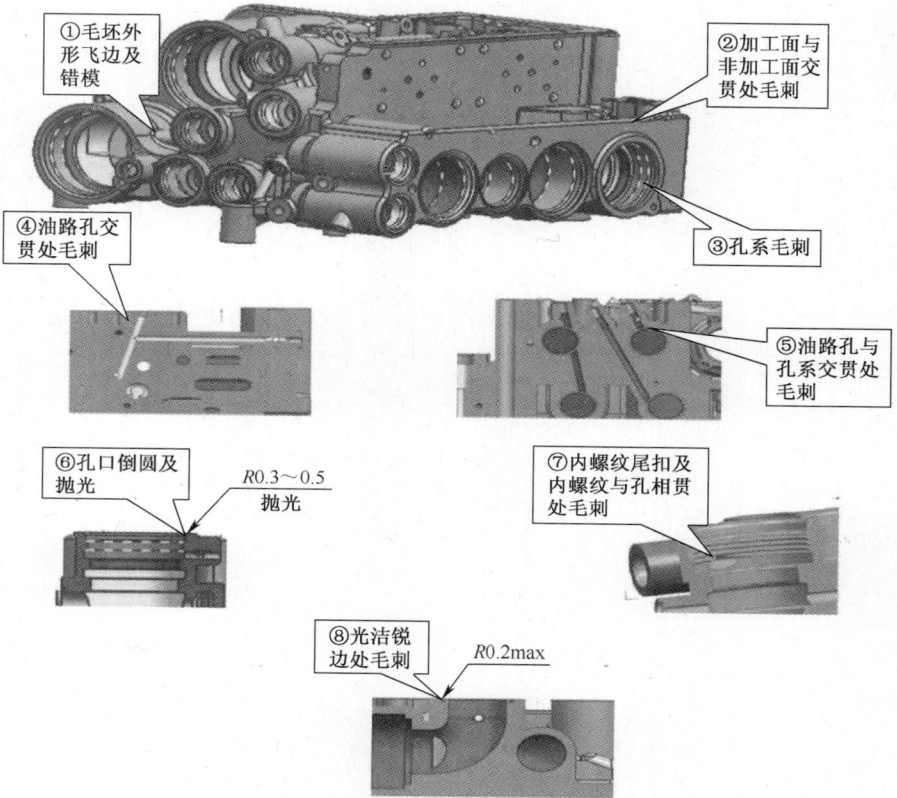

①毛坯外形飞边及错模
②加工面与非加工面交贯处毛刺
③孔系毛刺
④油路孔交贯处毛刺
⑤油路孔与孔系交贯处毛刺
⑥孔口倒圆及抛光　　R0.3~0.5 抛光
⑦内螺纹尾扣及内螺纹与孔相贯处毛刺
⑧光洁锐边处毛刺　　R0.2max

图4-4　壳体毛刺产生部位图示

3. 壳体毛刺工艺

壳体去毛刺工艺主要有手工去毛刺、浮动去毛刺、化学去毛刺、电解去毛刺、超声波去毛刺、高压水喷射去毛刺、热能去毛刺及冷冻修边去毛刺等。目前主要以手工去毛刺为主，电解去毛刺为辅。新品研制阶段主要采用手工去毛刺。

1）手工去毛刺技术

手工去毛刺作为最为传统工艺技术，在长期的机械加工中起到了极为重要的作用，它主要是由经过长期培训的钳工采用刮刀、锉刀、砂纸、磨头等专用工具对零件进行打磨,去除毛边(见表4-2)。

表 4-2　手工去毛刺工具及用途

类型	图例	用途
锉刀		主要用于打磨零件棱边翻起毛刺及毛坯表面凸起等,属于手工去毛刺刀具
菜刀		主要去除零件油路孔口部、螺纹第一扣及最后一扣翻起毛刺,属于手工去毛刺刀具
刮刀		主要去除零件倒角两端交接处翻起毛刺,属于手工去毛刺刀具
带勾刮刀		主要去除零件内部型槽上、下端面交接处毛刺,属于手工去毛刺刀具

（续）

类型	图 例	用 途
勾刀		去除槽棱边及油路孔与油路孔交叉处毛刺（效率低），属于手工去毛刺刀具
手动倒角刀		主要用于去除翻入孔系内部毛刺，属于手工去毛刺刀具
钻刀		主要用于去除油路孔与油路孔交接处毛刺，属于手工去毛刺刀具
抛光棒、轮、球		主要去除零件残留微小毛刺并用于油路孔口部位置抛光，与毛刺机配套使用

（续）

类型	图　例	用　途
砂纸、抛光纸		主要去除零件毛坯面及外形,抛光倒角与光孔过渡位置,面毛刺,为手工去毛刺工具
磨削砂布		主要是抛光倒角与光孔过渡位置,与毛刺机配套使用
毛刺机		有气动和电动之分,夹持抛光纸、抛光棒、磨削砂布等去除螺纹牙顶、倒角与孔系交接处抛光。为辅助去毛刺工具

手工去毛刺对操作人员的技能要求较高,在去除特殊部位,如孔口、交叉孔等毛刺时,因传统方法是人工采用刮刀凭手工沿孔口边刮一周,由于人的技能水平不同,所去除的效果也有较大差异,存在刮边均匀性好坏、接缝处平整性、是否产生次生毛刺等情况。随着技术的进步,除一些较大的毛刺仍然采用前述工具外,对细小毛刺的进一步清除通常采用旋转类工具进行,可以消除上述的均匀性、平整性等问题。

手工去毛刺技术适用于壳体所有部位毛刺,缺点是交叉孔毛刺去除难度大,去毛刺操作很不方便,用力不均,毛刺不易有效去除,去毛刺质量不稳定;而且多次刮削,容易残留刀刮的小毛刺,工作量大,效率低。由手工去毛刺衍生而来的浮动去毛刺解决了手工去毛刺质量不稳定及效率低下的问题,但局限于浮动工具有限,只能去除壳体部分毛刺。

2)浮动去毛刺技术

不管采用何种工具,手工去毛刺对一些难加工的边、角、交叉孔,不规则形状毛刺效果依然不佳,不可避免产生人为因素,质量不稳定,效率不高。这就发展出了浮动去毛刺技术,它能让浮动机构和刀具针对工件毛刺采取跟随加工,如同人手滑过工件毛刺般进行柔性去除毛刺,能有效避免造成刀具和工件的损坏,吸收工件及定位等各方面的误差如机器人去毛刺浮动工具能通过机械手进行自动换刀,进行多工序加工,也可从经济角度出发使用螺纹或者其他方式与机器人连接,同时这种浮动工具也能方便地安装在数控加工中心上使用(图4-5)。

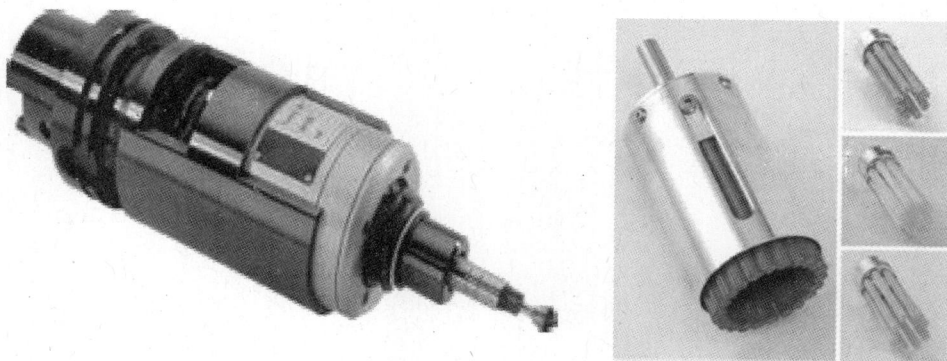

图4-5 浮动去毛刺工具

(1)陶瓷纤维研磨刷去除表面毛刺、刀痕及平面边缘毛刺陶瓷纤维研磨刷如图4-6所示。

图4-7、图4-8为去除表面毛刺、刀痕及平面边缘毛刺加工前、后效果图,图4-8为加工效果对比图。

(2)倒R刀去除壳体轮廓毛刺如图4-9、图4-10所示。

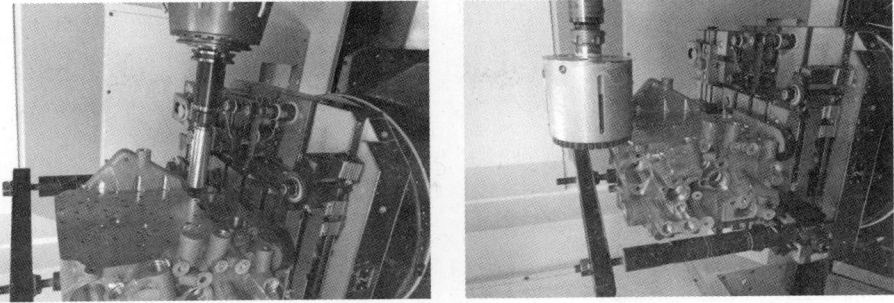

图 4-6 加工状态

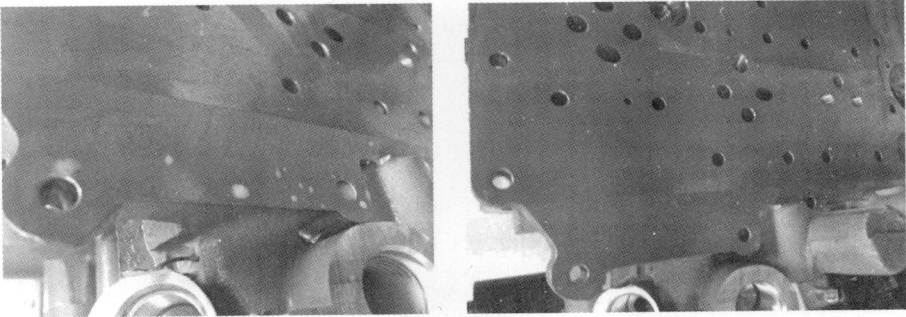

图 4-7 加工前、后效果

图 4-8 加工效果对比

（3）成型刀去除孔口倒角交接毛刺如图 4-11、图 4-12 所示。

浮动去毛刺是对手工去毛刺的补充，它不仅可以弥补手工去毛刺的缺点，还可以提高去毛刺效率，去毛刺质量稳定可靠。通过开发不同的浮动工具可以去除不同类型毛刺，极大地缓解了手工去毛刺的压力。浮动去毛刺适合公司各类产品，它是成本最低，开发潜力最大的一种去毛刺方法。

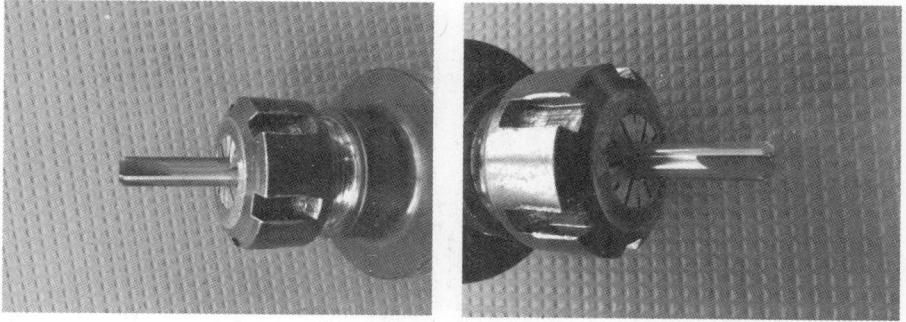

图 4-9　刀具

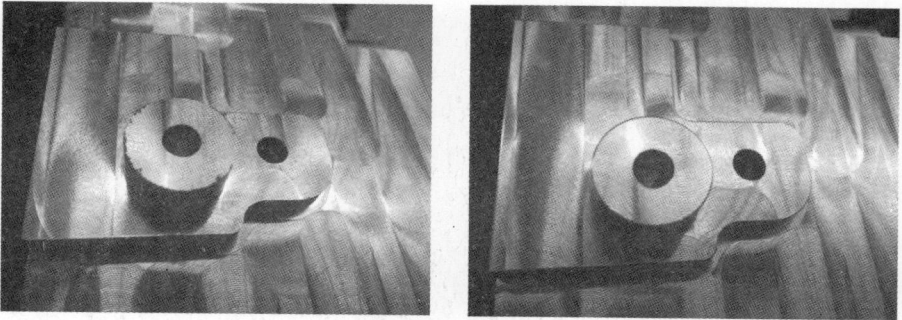

图 4-10　加工前、后效果

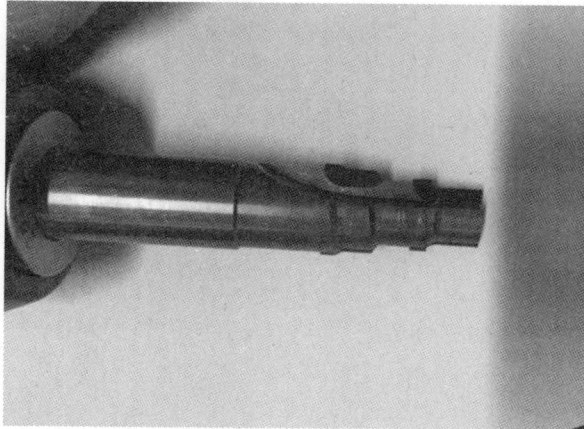

图 4-11　刀具

3）电解去毛刺技术

利用电解作用去除金属零件毛刺的一种电解加工方法。将工具阴极（一般用黄铜）固定放置在工件有毛刺的部位附近，两者相距一定的间隙（一般为

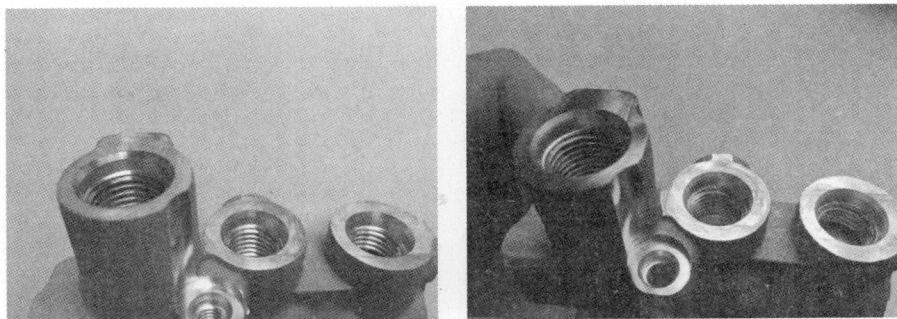

图 4-12　加工前、后效果

0.3~1mm）。工具阴极的导电部分对准毛刺棱边,其他表面用绝缘层覆盖起来,使电解作用集中在毛刺部分。加工时工具阴极接直流电源负极,工件接直流电源正极。压力为 0.1~0.3MPa 的低压电解液（一般用硝酸钠或氯酸钠水溶液）流过工件与阴极之间。当接通直流电源后,毛刺便产生阳极溶解而被去除,被电解液带走。电解液有一定腐蚀性,工件去毛刺后应经过清洗和防锈处理。电解去毛刺适用于去除零件中隐蔽部位交叉孔或形状复杂零件的毛刺,生产效率高,去毛刺时间一般只需几秒至几十秒。这种方法常用于齿轮、花键、连杆、阀体和曲轴油路孔口等去毛刺,以及尖角倒圆等。缺点是零件毛刺的附近也受到电解作用,表面会失去原有光泽,甚至影响尺寸精度。

4）电化学去毛刺技术

1989 年瑞典研制出一种精密和环境安全的电化学去毛刺方法,后美国引进了该项技术并对其进行了深入研究。在美国工业中,真空管电极就是用这种方法去毛刺的。以研究毛刺而著称的美国本迪克斯（Bendix）公司吉莱斯皮（Gillespic）研究所研制出的电化学毛刺去除系统已用于小直径管内的毛刺和内角部位的毛刺去除。我国也于 20 世纪 80 年代开始研究电化学去毛刺工艺及设备,并已用于生产实践。电化学去毛刺的基本原理（图 4-13）是利用电能、化学能进行阳极溶解来达到去毛刺的目的,是由电解加工发展而来的一项新工艺,电化学去毛刺与机械去毛刺相比,具有质量高、效果稳定、生产效率高、使用范围广、容易掌握等特点。特别适用于形状复杂零件和机械方法难以去除的内表面毛刺;对去除钼、镍、钛、高硬度合金淬火后零件的毛刺效果显著。

电化学去毛刺是根据电解原理,以工件为阳极,工具电极为阴极,当电解液通过工件上的毛刺和特殊设计的工具电极之间十分狭小的同时,短时间加以电解电压,这时在工件的毛刺或棱边部分电流集中,电流密度最大,因而使毛刺很快被溶解,棱边也被倒圆。

金属电化学加工技术，在专业设计的工装夹具系统中，工件和电极分别与电源的正负极相接，在电场、流场和工作液的作用下，两极之间产生电荷交换，实现工件特定部位的"离子去除"，达到去毛刺，倒圆、抛光或成型等工艺要求。

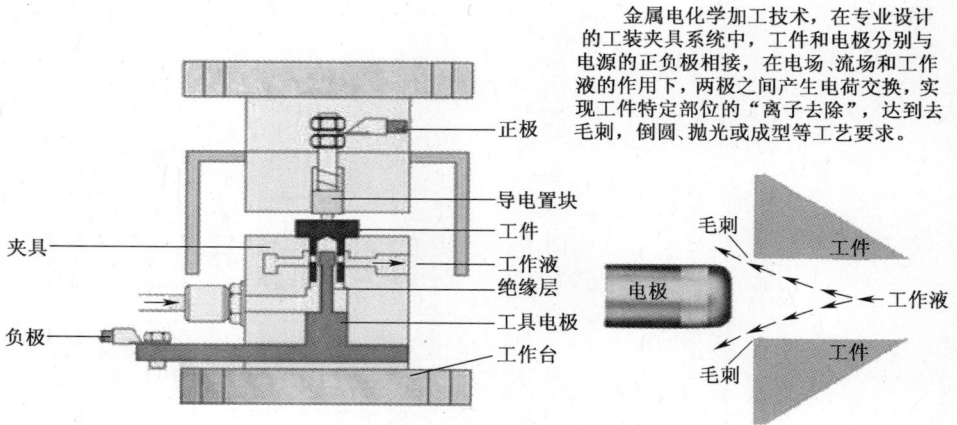

图 4-13　电化学去毛刺的基本原理

（1）电化学去毛刺决定因素。

电化学去毛刺决定因素主要取决于毛刺去除量的大小，决定去毛刺去除量的主要参数有：

① 去毛刺电流：根据去毛刺工件所去毛刺的范围而定。

② 去毛刺时间：去毛刺工件的毛刺大小有关。

③ 材料导电率：去毛刺工件的材质有关。

（2）决定去毛刺质量的参数。

① 电流密度：电流的密度决定着切削量和表面质量。

② 电导率：电化学液的浓度决定着电导率，单位[mS]。根据去毛刺要求，电化学液的浓度应控制在 8%～25%（根据实际工件）。当然，温度对电导率也有影响。

③ 间隙：夹具（阴极）和工件（阳极）之间的间隙决定着电流大小和电解液的冷却能力。

④ 电化学液压力：间隙中电化学液的压力影响着电流和材料的去除，它同时决定着电解液的流量和流速。

⑤ 电化学液温度：温度影响着电解液的传导率，根据去毛刺要求，温度应控制在 20～35℃（根据产品而定）。

⑥ 电化学液的 pH 值：电化学液的 pH 值应该控制在 6.5～8.5 之间（根据产品而定），电化学液的 pH 值决定着电解液的浓度和质量。

⑦ 电化学液的纯度：纯净的电化学液能确保恒量生产，并且可防止工件和/或夹具被阻塞。

（3）电化学液在工作中的作用。

① 为电化学去毛刺提供电路导通。

② 冷却夹具。

③ 冲走去毛刺中产生的废屑。

（4）电化学加工的反应（钢在与 NaCl 水溶液）。

① 阳极反应

$$Fe-2e \longrightarrow Fe^{+2}$$

$$Fe-3e \longrightarrow Fe^{+3}$$

$$4OH^- - 4e \longrightarrow O_2 \uparrow + 2H_2O$$

$$2Cl^- - 2e \longrightarrow Cl_2 \uparrow$$

$$Fe^{+2} + 2OH^- \longrightarrow Fe(OH)_2 \downarrow （墨绿色的絮状物）$$

沉淀为 $4Fe(OH)_2 + 2H_2O + O_2 \longrightarrow 4Fe(OH)_3 \downarrow$ 　（黄褐色沉淀）

② 阴极反应（按可能性为）

$$2H^+ + 2e \longrightarrow H_2 \uparrow$$

$$Na^+ + e \longrightarrow Na \downarrow$$

按照电极反应的基本原理,电极电位最正的粒子将首先在阴极反应。因此,在阴极上只会析出氢气,而不可能沉淀出钠。

电化学去毛刺过程中,由于水的分解消耗,电化学液的浓度逐渐变大,而电化学液中的 Cl^- 和 Na^+ 仅起导电作用,本身并不消耗,因此对于 NaCl 电解液,只要过滤干净,适当添加水分,就可长期使用,工具也可长期使用。

电化学去毛刺的特点：

（1）去毛刺范围。电化学去毛刺适用于不锈钢、锌合金、铝制品、钛材、铜、银、金、中低碳钢等导电材质零件。例如：各种阀体、活塞、缸体铸件等汽车配件、电器、电脑、LED 制品、电子数码配件、精密模具及五金制品行业。

（2）能以简单的操作去除各种工件形状复杂的型面,且不影响工件。

（3）表面质量好。

去毛刺过程中无切削力和切削热的作用,可以达到较低的表面粗糙度（ Ra 1.25~0.2μm）和±0.1mm 左右的平均去毛刺精度。电化学微细去毛刺钢材的精度可达±10~70μm,适合于去除易变形或薄壁零件毛刺的精度。

（4）去毛刺过程中工具电极理论上无损耗,可长期使用。

因为工具阴极材料本身不参与电极反应,其表面仅产生氢反应,同时工具材料又是抗腐蚀性良好的不锈钢或黄铜等,因此除产生火花短路等特殊情况外,工具阴极基本上没有损耗。

（5）电化学去毛刺生产率高。一般一个工件的全部毛刺可在十几秒之内全部去除干净,而且易于实行多件平行生产,且去毛刺生产率不直接受去毛刺质量的制约,一般适宜于大批量零件的去毛刺。

（6）电化学去毛刺稳定，不影响工件精度。

（7）工具电极的设计、制造和修正较简单因而易于批量生产。

（8）电化学液对设备、工装没有腐蚀作用，电化学液环保。

5）液态喷射去毛刺技术

液态喷射去毛刺是一种先进的去毛刺技术，利用液体在流经孔时会产生漩涡的原理，通过液体与特殊磨料混合经过增压系统后，增加了对工件毛刺的冲击力，在同等压力下是纯水去毛刺能力的十几倍，且不会在工件上有磨粒残留，它是一种全新的液态喷射去毛刺技术。

液态喷射去毛刺特点：

（1）液态喷射去毛刺可以去除翻边类毛刺，用于毛刺较大的五金部件，同时也适于精度和清洁度要求较高的复杂金属及塑胶部件，也可对不同形状和材料的五金部件去毛刺，以满足大批量的去毛刺要求。

（2）夹具简单。

（3）可在同一设备内部完成对部件去除毛刺和清洁的工序，可保证去除部件盲孔、深内孔、倒角处、内和外表面金属切削加工毛刺与切屑。

（4）液态喷射去毛刺、高压水去毛刺以及挤压磨粒流去毛刺区别如表4-3所列。

表4-3　液态喷射去毛刺、高压水去毛刺以及挤压磨粒流去毛刺的区别

项目	液态喷射去毛刺	高压水去毛刺	挤压磨粒流去毛刺
去毛刺冲击力	非常好	差	弱
工作压力	1~5MPa	10~50MPa	10~30MPa
磨料残留	无	无	有
功率消耗（同等效果）	7.5kW	75kW	7.5kW
液体流速	高速	高速	低速
适用工件	不限	厚度>20mm	通孔类内孔

根据上述对比及实验，液态喷射去毛刺还具有以下特点：

（1）同样时间同样效果，去毛刺效率比高压水快约10倍，比磨料流快30~50倍。

（2）可以去除翻边类毛刺，而高压水射流技术不能去除。

（3）生产成本在三种去毛刺中为最低。

液态喷射技术用于毛刺较大的五金件部件，同时也适用于精度和清洁度要求较高的复杂金属及塑胶部件。也可对不同形状和材料的五金部件去毛刺，以满足大批量的去毛刺要求。可在同一台设备内部完成对部件去除毛刺和清洁的工序。可保证去除部件盲孔、深孔内、倒角处、内和外表面的金属切削加工毛

刺与切屑。但是,液态喷射去毛刺存在清洁度隐患,需进一步验证。

6) 高压清洗去毛刺技术

以水为媒介,利用它的瞬间冲击力来去除加工后产生的毛刺和飞边,同时可达到清洗的目的。其合适的压力范围是 30~50MPa。分为工件移动式和喷嘴移动式两种,前者造价低,适合简单阀体的去毛刺和清洗,其缺点是喷嘴于阀体的配合度不理想,阀体内部交叉孔、斜孔的毛刺去除效果不好,后者通过 CNC 控制可有效调整喷嘴与阀体毛刺产生部位的距离,有效应对阀体内部的交叉孔和斜孔以及盲孔的毛刺。喷嘴移动式设备造价高,目前一般在汽车心脏部位和工程机械的液压控制系统才采用。

高压清洗适于解决壳体零件的清洁度,壳体零件去除毛刺后采用高压清洗,把残留细微毛刺(二次毛刺)冲掉的同时,最终保证了零件的清洁度,它可以去除特定的毛刺,可根据去毛刺要求的不同来选择。

7) 热爆炸去毛刺技术

热爆炸去毛刺是一种特种加工技术。采用氢气和氧气在用于处理工件的密闭工作室中混合,瞬间点火燃烧并在极短的时间内于工件表面毛刺发生剧烈的热化学反应,达到去除毛刺的目的。具有效率高、通用性强、可达性好,去除毛刺均匀彻底、工件表面平整光滑,不受工件材料、形状及毛刺部位限制等特点。适合其他工艺方法无法解决的具有复杂型腔、相贯孔系、深孔、盲孔、螺纹孔等去毛刺难度较大工件的去毛刺。是规模化工业生产的理想高效加工设备。

8) 超声波去毛刺技术

利用超声波产生的超声能量作用于液体里振动处于稀疏状态的液体时,"空化现象"产生的几百个大气压的瞬间冲击力把附着在部件上的毛刺清除干净。主要针对一些微观毛刺,如毛刺需用显微镜观察,就都可以尝试用超声波的方法去除。

9) 机器人去毛刺技术

对由难以加工材料制成的外形复杂的零件,去毛刺工作靠手工或常规去毛刺机械难以完成,为此,国外开发了机器人去毛刺技术。随着计算机技术的发展,美国、日本、德国和加拿大等国已相继研制出由微机控制的去毛刺机器人,其位置重复精度达 0.1~0.05mm。计算机控制的去毛刺机器人,带有由专家系统构成的知识库,可与 CAD/CAM 结合使用。用机器人去毛刺,能保证零件质量的一致性,不出废品,并可提高工效 3~4 倍。国内航空航天领域已开始使用机器人去除航空发动机叶片上的毛刺,提高了叶片的磨削加工精度和叶片使用寿命,并可减少废品发生,被称为最具前途的叶片加工工艺方法。

4. 壳体毛刺工序设计

壳体去毛刺工序一般安排在粗加工稳定化前、半精加工稳定化前、精加工后(图 4-15)。

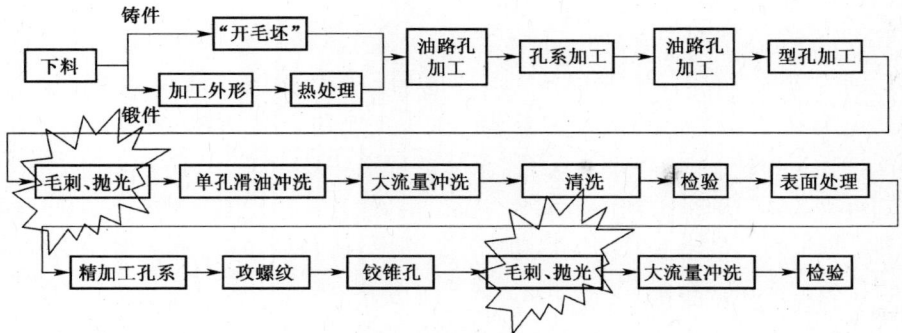

图 4-15 壳体毛刺工序的设计

5. 壳体毛刺检查

壳体去毛刺主要以手工为主,由于依赖操作者的责任心、技术、熟练程度,导致壳体去除毛刺的质量不稳定,所以壳体毛刺的检查尤为重要。壳体毛刺的检查方法如表 4-4 所列。

表 4-4 壳体毛刺检查方法

方法名称	检验方法与工具	内容与标准
手感法	用手触摸检查位置	应光滑,无扎手和凸起感
目测法	用肉眼观察	无明显尖边、飞边、凸起
放大法	用 10~20 倍放大镜或内窥镜观察	无细微尖边、飞边、凸起
对比法	用"照片"或样件进行比对	与"照片"或样件相符

4.6.3 壳体的冲洗工艺

1. 壳体局部型腔与油路(图 4-16~图 4-18)

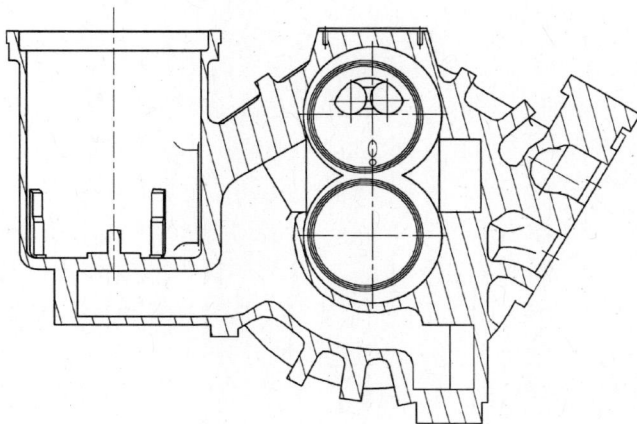

图 4-16 壳体型腔与油路 (一)

$E1-E1$

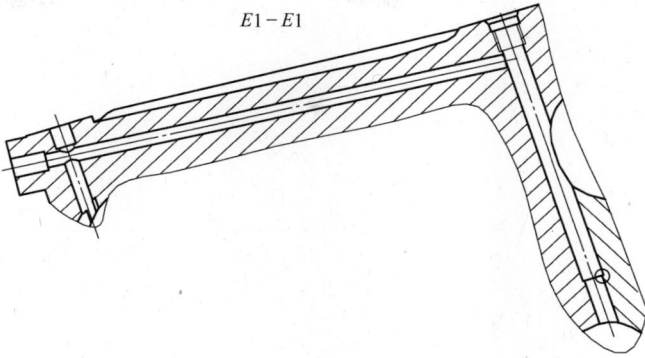

图 4-17　壳体型腔与油路(二)

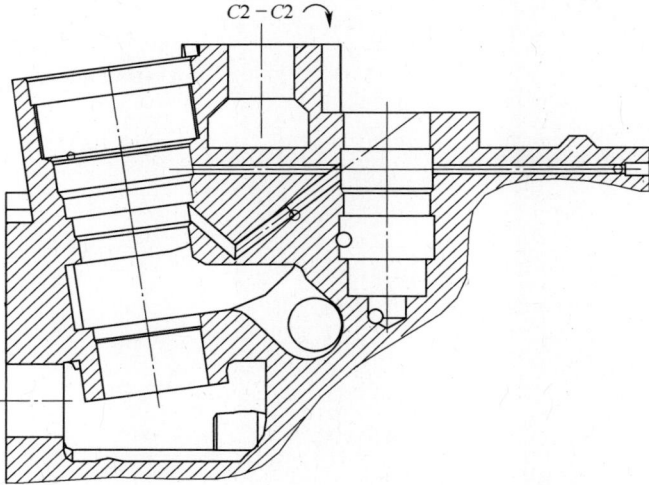

$C2-C2$

图 4-18　壳体型腔与油路(三)

2. 壳体冲洗工艺分类及相应的技术要求

　　壳体为满足清洁度,在不同的加工条件下,使用不同的冲洗方法,不同的技术要求,不同的检测标准。壳体的冲洗工艺分类如表 4-5 所列。

表 4-5　冲洗工艺分类及技术要求

冲洗方法		介质	设备	夹具	技术要求	检查标准
清洗	外表面清洗	汽油	专用清洗槽		(1)清洗壳体外表面； (2)毛坯外表面可使用刷子清洗	目视无脏物
	螺纹孔清洗				(1)清洗壳体螺纹孔； (2)小螺纹孔可使用棉签清洗	
浸泡	煤油浸泡	煤油	专用浸泡槽		(1)油温 $T = 60 \sim 80℃$； (2)浸泡时间 $t \geqslant 30min$	检查时间记录
	氯仿浸泡	氯仿			(1)浸泡时间 $t \geqslant 40min$、$t \leqslant 60min$； (2)氯仿有毒，注意安全防护	
涮洗		汽油	专用涮洗槽		(1)壳体六面分别朝下，往复涮洗	绸布袋内无目视脏物
超声波冲洗		煤油	超声波冲洗机		(1)分别将壳体面朝向振动源； (2)每面振动时间 $t \geqslant 15min$	检查时间记录
单孔冲洗	单孔煤油冲洗		专用冲洗机	专用夹具	(1)油压 $P = 0.6 \sim 0.8MPa$； (2)每孔冲洗 $t \geqslant 10min$	
	单孔滑油冲洗	滑油			(1)油压 $P = 0.6 \sim 0.8MPa$； (2)每孔冲洗 $t \geqslant 10min$	
大流量冲洗	常温油气交替大流量冲洗	煤油	专用冲洗机	专用夹具	(1)油压 $P = 0.5MPa \pm 0.15MPa$、$t = 15 \sim 20s$； (2)气压 $P = 1.0 \sim 1.5MPa$、$t = 0.5 \sim 1.0s$； (3)冲洗时间 $t \geqslant 40min$	方法1： "三次见零"即在干净的绸布袋中三次连续目视无异物 方法2： 按工艺规程进行"颗粒度检测"（Q/14D05.125）
	加温油气交替大流量冲洗				(1)油压 $P = 0.5MPa \pm 0.15MPa$、$t = 15 \sim 20s$； (2)气压 $P = 1.0 \sim 1.5MPa$、$t = 0.5 \sim 1.0s$； (3)油温 $T = 60 \sim 80℃$； (4)冲洗时间 $t \geqslant 80min$	
	常温油冲大流量冲洗				(1)油压 $P \geqslant 0.2MPa$； (2)冲洗时间 $t \geqslant 20min$	
	加温油冲大流量冲洗				(1)油压 $P = 0.5MPa \pm 0.15MPa$； (2)油温 $T = 60 \sim 80℃$； (3)冲洗时间 $t \geqslant 30min$	

第5章 壳体加工简易工装设计

在机械加工中,无论使用何种机械设备,加工产品的任意位置,首要步骤是将产品固定在机床上。壳体类零件加工,一般有两种固定方法:一种是将产品直接安装在机床工作台上或者法兰盘上,找正后用螺钉或压板将产品压紧,这种方法一般用于大型零件单件生产。因为没有进行精确定位,每一件都需要调整,加工位置一致性较差。另一种是采用通用或专用装备来固定零件,这种方法定位准确,每件产品的尺寸精度一致性好,这种将产品固定在机床上的装置统称为机床夹具。

随着航空发动机的快速发展,产品更新换代周期很短。从产品设计图到样件试制、组装试验,根据试验结果,设计对结构尺寸和技术条件进行修改,再试制,然后进行小批量生产。在整个过程中,要求生产单位加工产品的时间很短。一般壳体类零件的形状比较复杂,尺寸很多,精度很高,工序较长,虽然试制数量不多,但要求加工周期很短,在设备固定的情况下,机床夹具怎样才能实现这种快速变化呢,专用夹具从设计到制造周期很长,无法满足生产进度要求,况且新研制产品图在不断改进,形状和尺寸在不断变化,纵使有专用夹具,也可能在使用一次后就不能再使用了,造成很大浪费,同时也需要大量周期来生产专用夹具,而组合夹具具有组装灵活,适应零件装夹性强的特点,致使组合夹具成了壳体类零件机械加工中首要选择。组合夹具是采用标准柔性元件和一些通用标准元件,按产品工序要求组合而成的夹具。用完后可以拆卸保存,循环使用。柔性元件和通用标准元件需预先制好备用,有多次反复使用和组装迅速的特点,完全可以满足新品试制和小批量生产的零件定位要求,标准柔性元件具有以下基本特点:

(1)组合夹具柔性元件根据自身结构特点和使用情况不同,分为三个系列:槽系列夹具元件、孔系列夹具元件、光面系列夹具元件。

(2)槽系列夹具元件分为四个型号:大型、中性、小型和微型元件。

(3)航空发动机壳体一般尺寸不是很大,外形尺寸在 $100\sim500mm$ 之间,所以根据生产特点仅讨论槽系列中型和孔系列中性的基本特性,结合本单位多年实际加工情况,孔系列夹具原件使用不多,大部分为槽系列夹具原件,因此重点讨论槽系列元件。

5.1 标准槽系列柔性元件的基本特性

5.1.1 正方形包括长方形基础板

如图 5-1 所示,顾名思义,基础板就是组合夹具的基础,有以下几个特性:

(1) 由专业厂家生产,质量稳定可靠。

(2) 元件精度完全满足零件的生产要求,柔性夹具元件的主要尺寸精度为 ISO6-7 级。元件主要工作面之间、工作面与定位面之间的平行度、垂直度按 GB 1184 中的 4 级,工作面与定位面的粗糙度为 0.4~0.8。

(3) 元件采用优质低碳合金钢,经过渗碳淬火后元件表面的硬度为 58~64HRC,内部硬度为 35HRC 左右,从而保证了元件的具有足够的强度、韧性、高耐磨性和形状尺寸的稳定性。

(4) 根据元件的标准化,可采购或自制相应通用标准元件,有了标准元件就可以组合各种夹具。

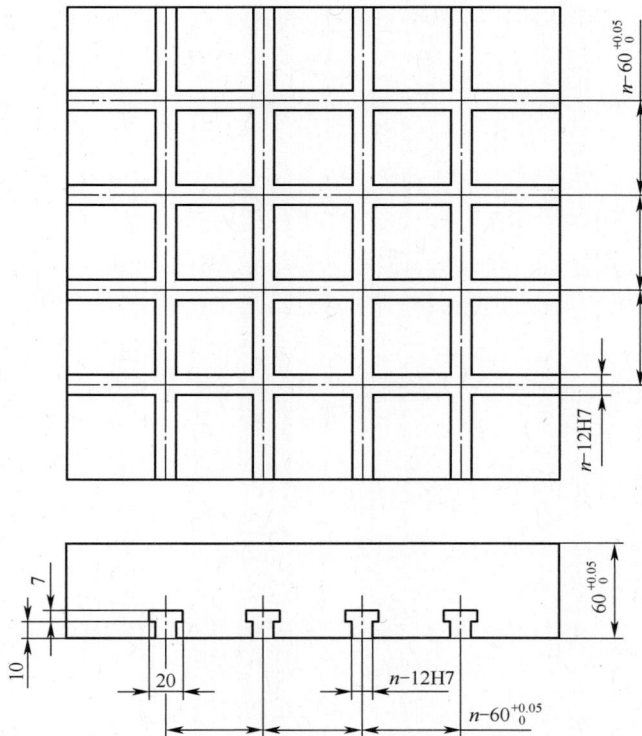

图 5-1　基础板平面图

5.1.2　基础角铁(垂直板)

图 5-2 所示基础角铁(垂直板),具有与正方形基础板同样的特性,槽与基准面的距离为 30,槽与槽之间的距离为 60,有两种精度±0.05 与±0.03 供选择,一般用于零件定位面与零件加工孔系轴线平行的位置加工,航空发动机壳体精度高,目前大量选购的是±0.03 的基础角铁。

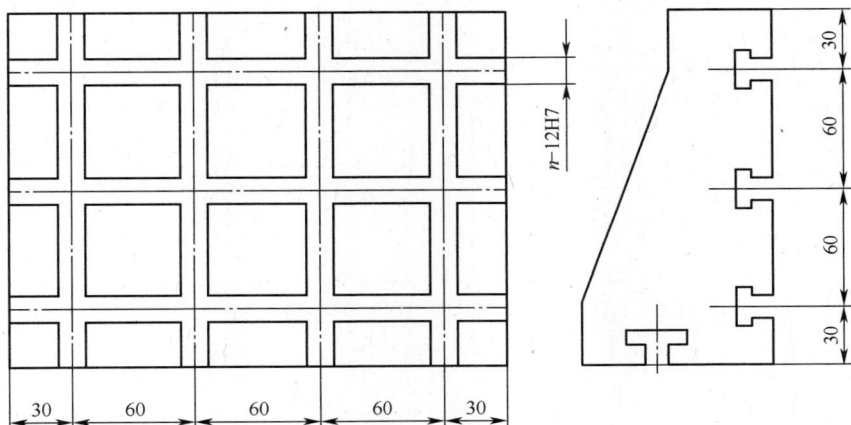

图 5-2　基础角铁(垂直板)平面图

5.1.3　垂直圆基础板

垂直圆基础板平面图如图 5-3 所示。

垂直圆基础板,基本特性与正方形的基本特性相同。其中规格有多种,外圆"D"有 φ240、φ300、φ360、φ480、φ600,孔"D1"有 35、45,孔"D2"有 φ120、φ180,厚度"H"有 35、40、45、50、55,航空控制系统壳体加工常用的有 D=φ240、φ360 两种。

5.1.4　合件基础板,正弦台

正弦台可解决产品中与定位基准面成夹角的尺寸加工问题,基本特性与正方形基础板无异,精度及一般结构如图 5-4 所示。

"L"尺寸分为 200、250、300 三种

正弦台与检验用正弦规原理是一样的。

图 5-5 中的 C 边就是正弦台"L",尺寸长度是固定的,a 边就是根据角度 α 计算出来的块规厚度。

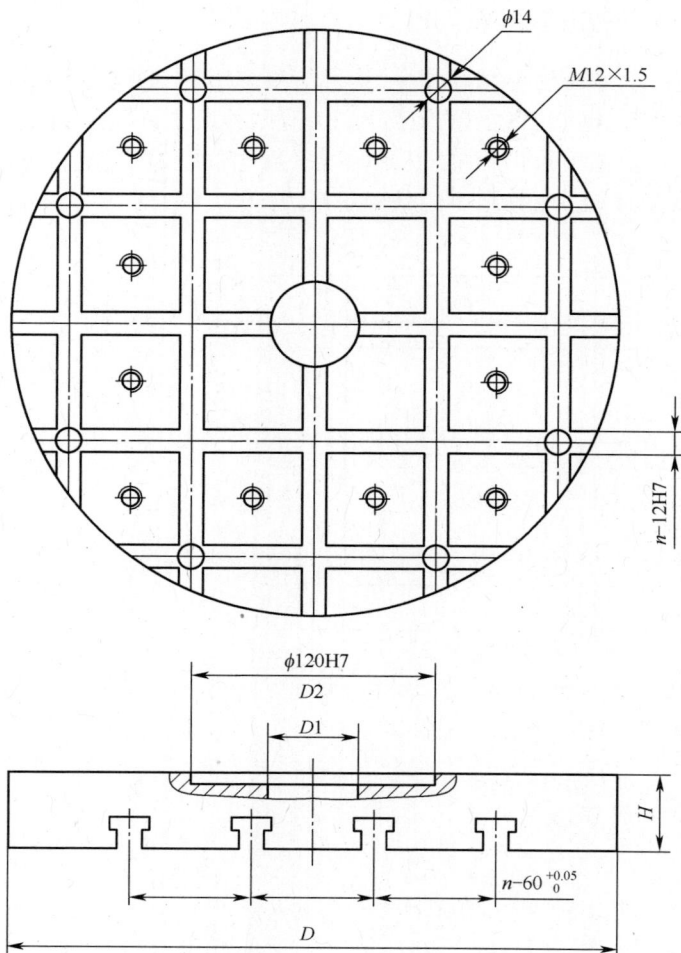

图 5-3　垂直圆基础板平面图

$$a = c \times \sin\alpha$$

图 5-6 为正弦台组合示意图,通过计算块规高度可实现不同角度组合。

5.1.5　定位件和导向件

定位件和导向件品种多样,在壳体夹具组合中常见的有以下几种:

1. 定位板(图 5-7)

主要用途:通过在 ϕ18H7 孔内装上定位销,用紧定螺钉拧紧,调整好坐标尺寸后将定位板通过螺钉固定在平板或垂直板等基础板上,实现对壳体的定位。

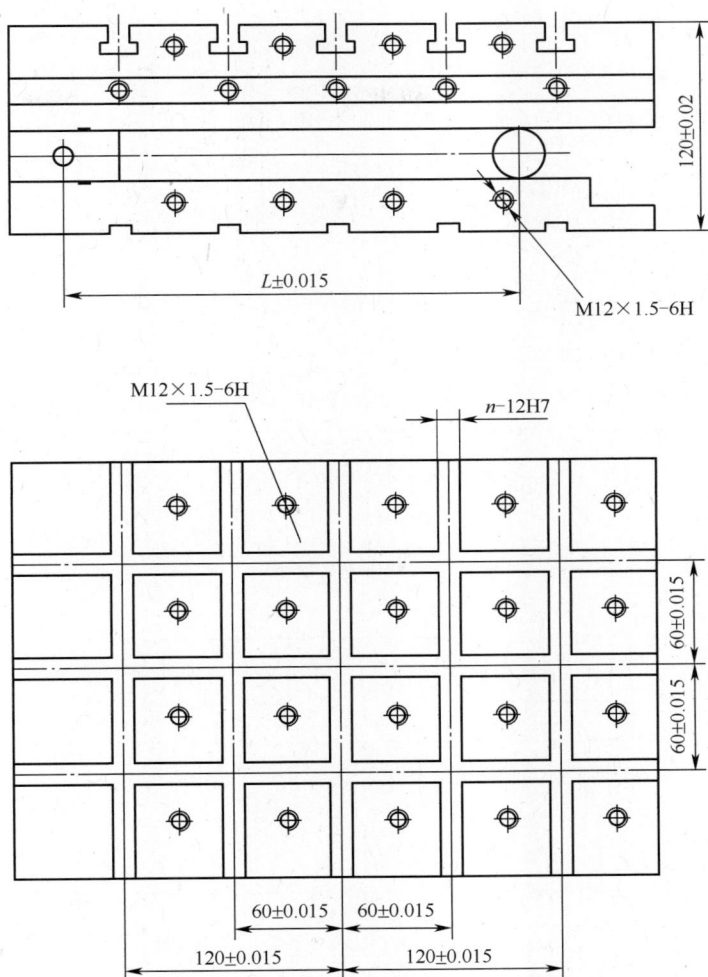

M12×1.5-6H

120±0.02

L±0.015

M12×1.5-6H

n-12H7

60±0.015

60±0.015

60±0.015

60±0.015

120±0.015

120±0.015

图 5-4　合件基础板,正弦台平面图

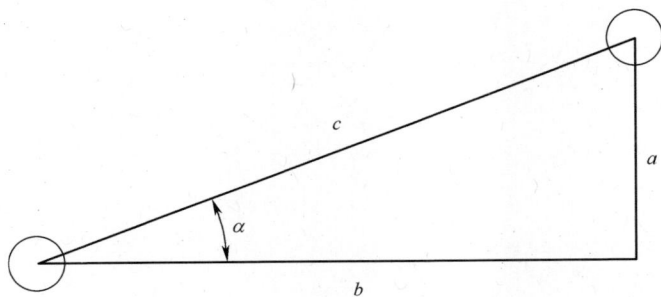

c

a

α

b

图 5-5　正弦规原理图

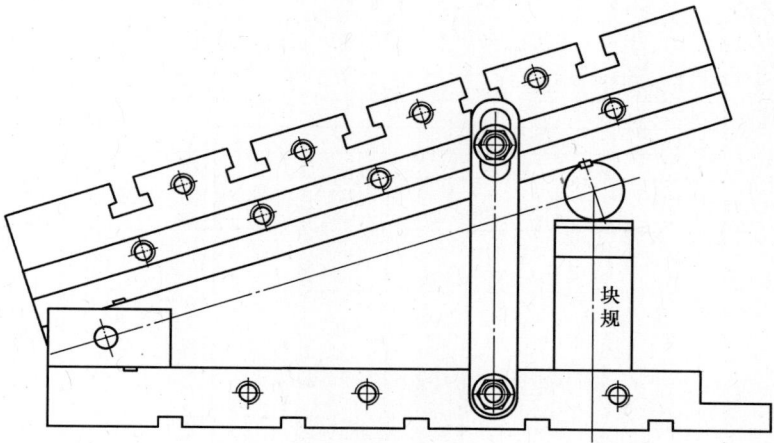

图 5-6　正弦台组合示意图

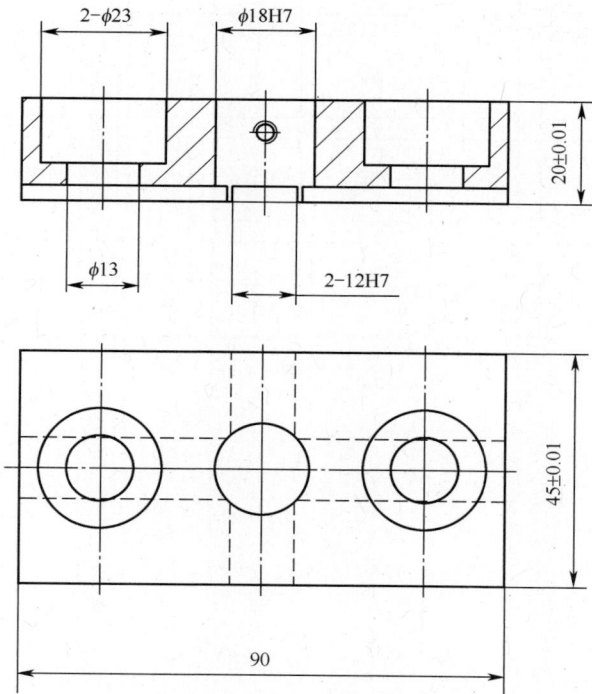

图 5-7　定位板示意图

2. 沉孔钻模板（图 5-8）

主要用途：通过在 ϕ18H7 孔内装上定位销，一般壳体定位端为菱形销，限制沿 Y 轴旋转的自由度，用紧定螺钉拧紧，调整好坐标尺寸后将钻模板通过螺钉固定在平板或垂直板等基础板上,实现对壳体定位,其腰型槽在坐标尺寸的调整中柔性更好,受基础板的制约较小。

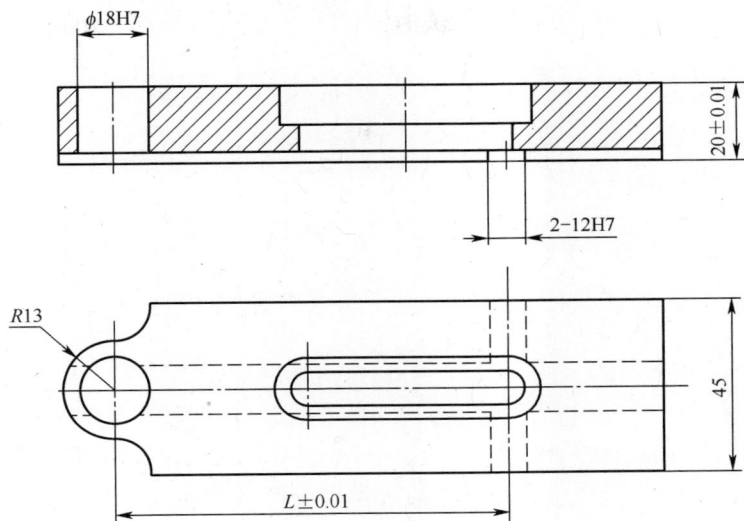

图 5-8　沉孔钻模板示意图

"*L*"尺寸有 20、22.5、30、45、60、75、90、120、150、250 多种规格。航空控制器壳体加工常用的尺寸有 22.5、60、90 几种。

5.1.6　组合基础件,立卧分度盘

分度盘是作为特殊转体的分度加工用,结构如图 5-9 所示。

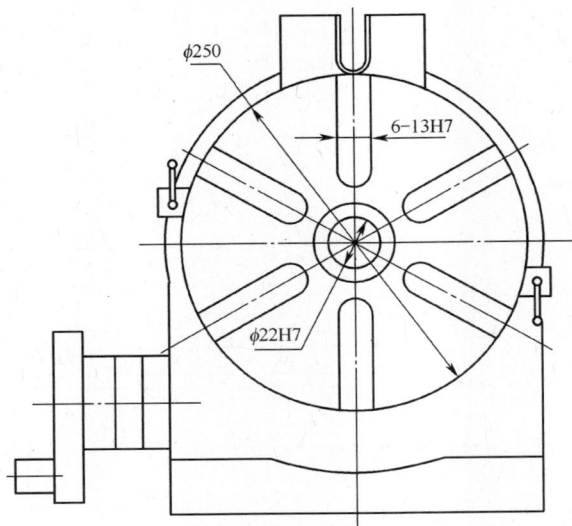

图 5-9　分布盘简图

特点:可做 360°旋转,减速比 1:90,每旋转 4°最小刻度为 10′。

5.2 槽式柔性元件夹具的组合

利用槽式元件的特性,配合自制相应标准元件,就可以组合各种类型的机床夹具。组合的方法很多,常用的方法如下:

5.2.1 支点定位组合法

支点定位组合法,在柔性基础板上,支承毛坯定位基准,在 X 和 Y 两个方向加以限位,然后夹紧,加工零件的主定位基准,但是必须备有自制的标准元件,常用的标准元件有以下几种。

1. 支承板

支承板的作用是将零件固定在基础板上,固定位置可通过腰型槽进行局部柔性调节。然后通过在 M12 螺纹孔中拧入调整螺钉,通过调整螺钉的高度实现 Z 方向实际高度定位支承。支承的数量是根据产品毛坯定位基准的数量而定,一般采用三点定位,这样装夹就比较稳定。

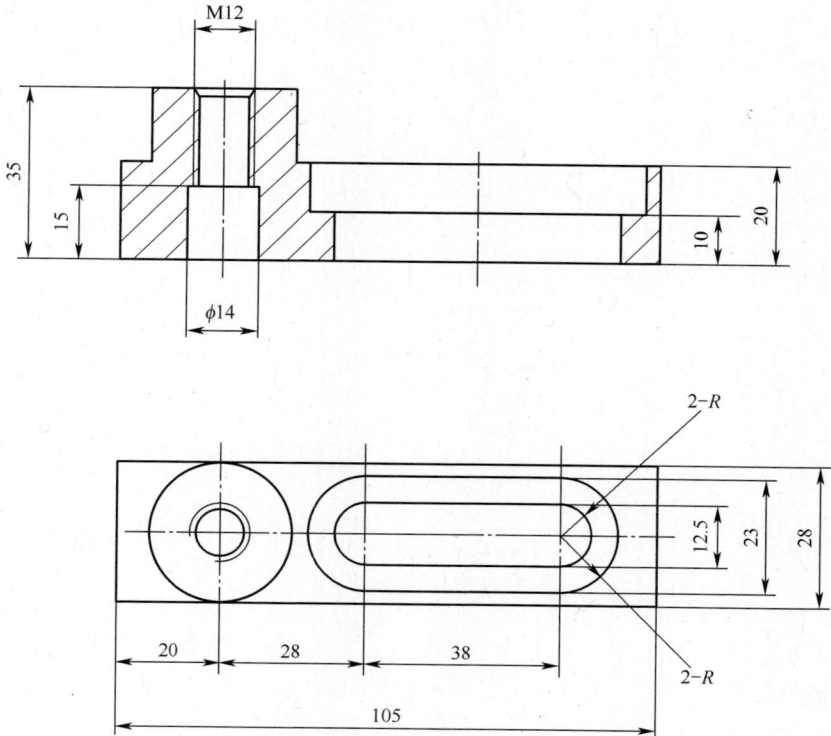

图 5-10 支承板简图

2. 限位架

限位架(图 5-11)主要用于 X 和 Y 方向上的限位,具体支承点根据产品毛坯定位基准决定,调整好限位架的高低位置及其方向,然后通过螺母进行固定。

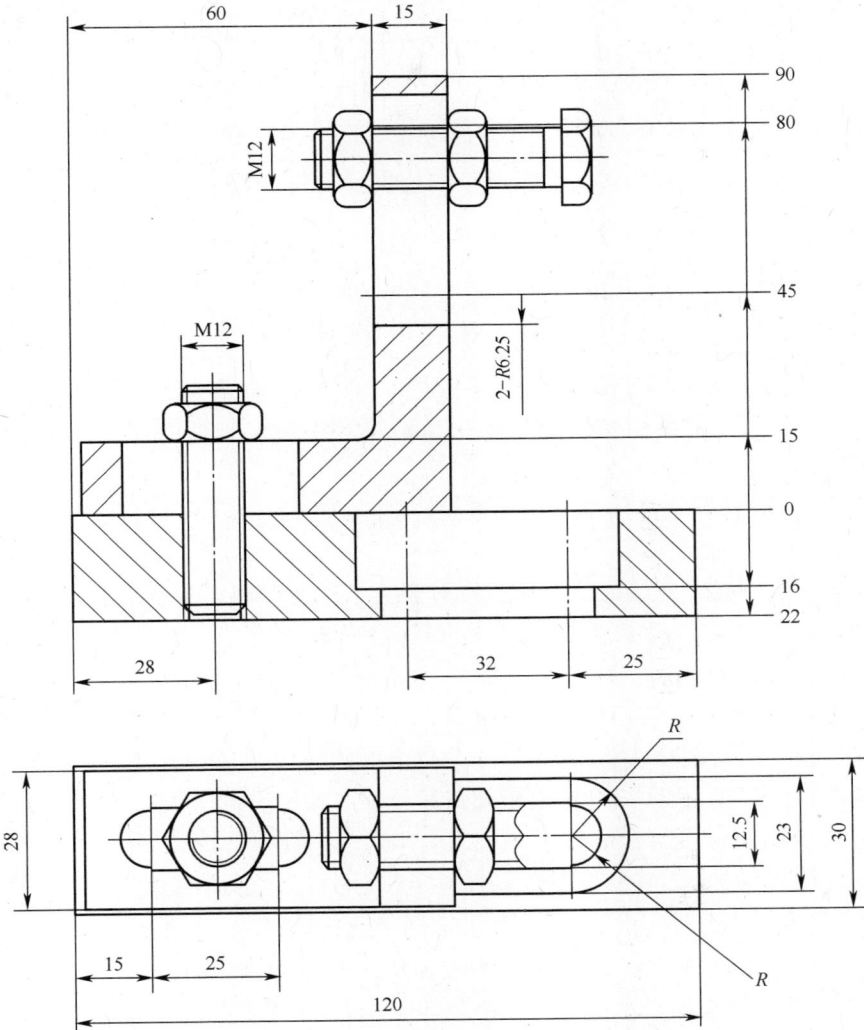

图 5-11　限位架简图

3. 顶紧钉

顶紧钉主要用于顶紧零件,使其与 X 和 Y 方向限位钉完全接触,防止在扭紧螺帽时接触点松开。

使用方法:将限位架中的调整螺钉和螺帽移去,装上图 5-12 所示的顶紧装

67

置即可。

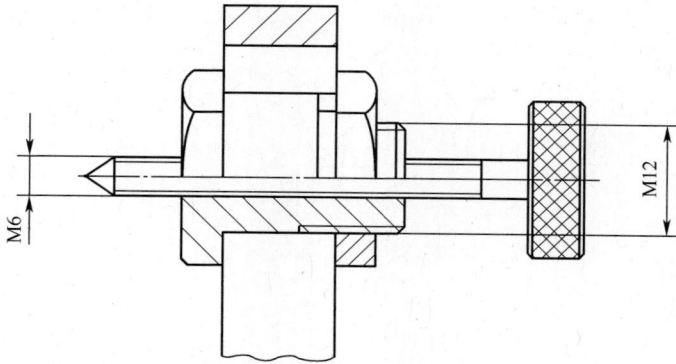

图 5-12 顶紧钉简图

支点定位组合的方法有两点说明：

（1）支点定位组合法主要是解决铸造毛坯主定位基准的加工。既然是毛坯铸造就不可能只加工一批，从长远打算，在编制工艺规程的同时必须申请制造专用夹具，或者工艺员自己设计制造专用夹具，组合夹具仅仅是专用夹具为供应前的权宜之计。

（2）支点定位组合法是在正方形和长方形的基础板上进行组合，自然受到基础板的限制，超出基础板尺寸范围的零件就无法组合了。

4. 支点定位组合操作示例

图 5-13 所示为支点定位组合夹具的一般情况，通过使用不同的定位元件，在基础板上进行组合，实现对壳体 6 个自由度的限位，图面为了看清楚，压板和压紧螺钉未画出，实际组合中要用螺钉和压板对零件进行压紧。

5. 移动定位销组合法

现在壳体加工，如果是矩形零件，一般就用平口虎钳夹紧定位加工就可以了，不需要组合夹具。凡是异形零件，编制工艺规程时，一般选用一个平面或者两个孔作为机械加工主定位基准，两个定位孔中心连线垂直或平行工作台面时，就用基准板的同一个槽调整中心距即可，如果不是，那么定位孔就对工作台形成 X 和 Y 的坐标尺寸，用基础板和定位板加自制标准销调好 X 和 Y 方向尺寸就组合成该工序的夹具。

6. 调整用标准销（图 5-14）

材料:45

硬度:HRC34-38

数量:2 件

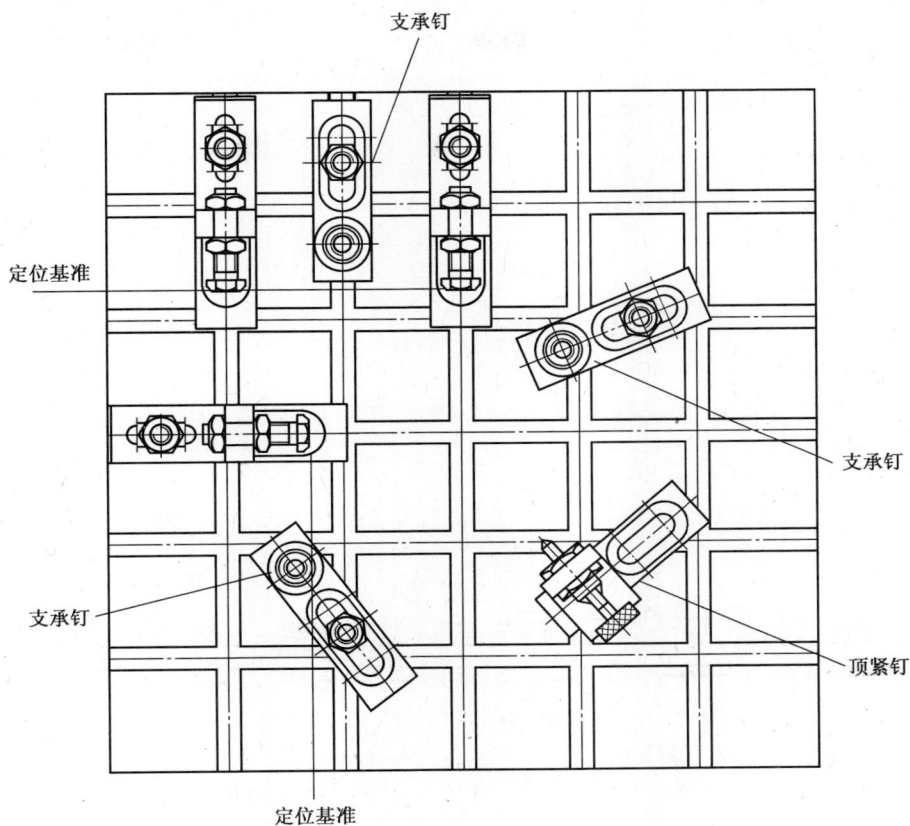

图 5-13　顶紧钉简图

5.2.2　组合操作方法

第一步:消化工艺资料。

因新品研制时为了节约生产周期,一般首道工序加工组合夹具用的是设计图,首先需要确定加工部位和内容,使用什么设备,定位基准是什么? 定位销的尺寸公差是多少? 如果用的是工序卡片,往往只在草图右下角注明:定位基准: 2-Φ×+0.0××···0(公差),需要查该零件基准面加工工序,确定 X 和 Y 的尺寸。

第二步:准备基础板、定位板、定位销、压板等。

第三步:组合。

两个定位孔中心连线平行或垂直于工作台时组合如图 5-15 所示。

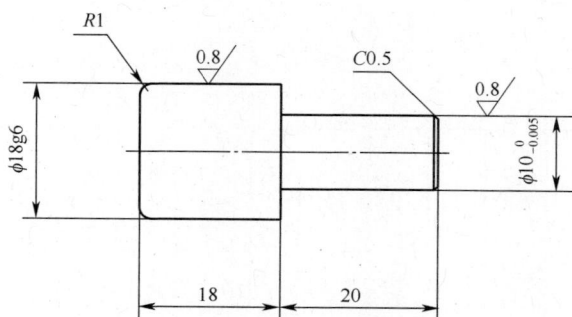

图 5-14　标准销简图

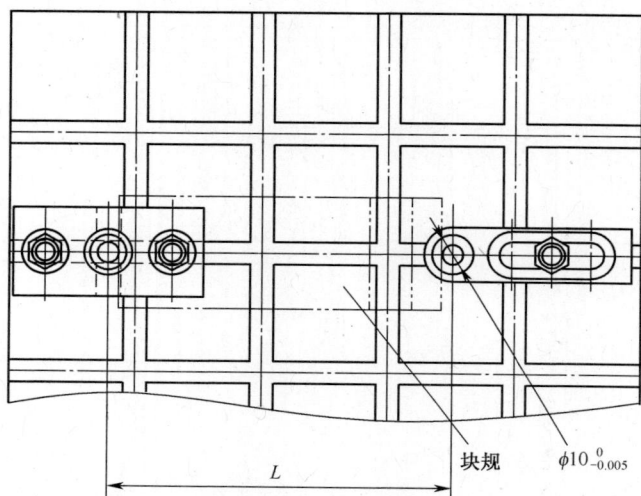

图 5-15　定位孔中心连线与坐标轴平行的组合简图

　　先将定位板装上三个定位键卡入基础板十字槽中并固定。把块规放入图示位置,移动沉孔钻模板至紧靠,然后固定。更换加工工序定位销,配上压紧机构,组合就完成了。

　　块规计算方法:$L-10=$块规尺寸

　　两个定位孔对工作台成 X 和 Y 坐标尺寸的夹具组合。如图 5-16 所示,X 方向和 Y 方向分别调,先后顺序任意。

　　$X-10=X$ 方向块规尺寸

　　$Y-10=Y$ 方向块规尺寸

　　更换加工工序定位销,配上压紧机构,必要时可以加装定位板。

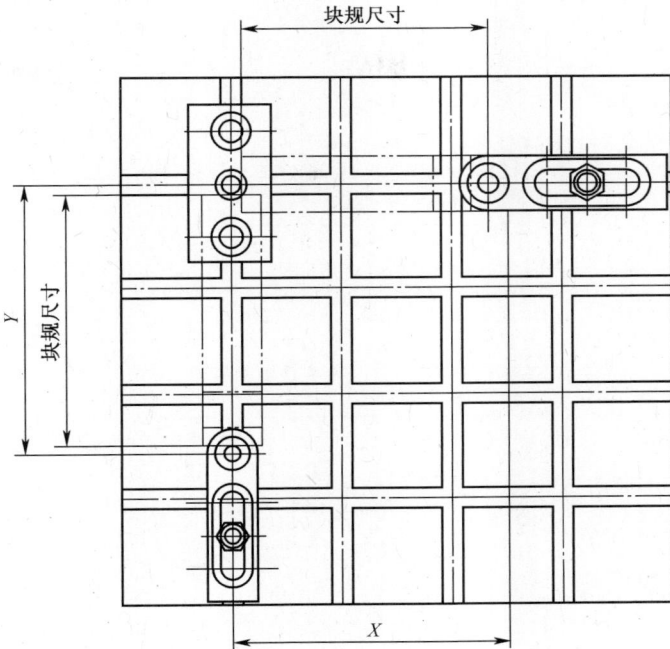

图 5-16　定位孔中心连线与坐标轴不平行的组合简图

5.2.3　常用定位销标准系列

在壳体类零件加工中,定位基准孔常采用螺纹底孔提高加工精度,螺栓孔提高加工精度,提高后的精度一般按 H8,这样生产部门就可以预制若干标准定位销,再预留一部分将 df6 尺寸留精磨余量来临时解决特殊尺寸的组合,就可以满足正常生产要求。

常用的列表如表 5-1 所列。

表 5-1　壳体加工常用定位销配给表

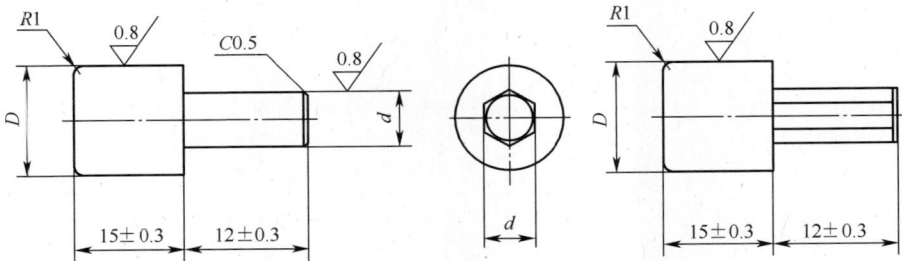

（续）

序号	Dg6($^{-0.006}_{-0.017}$)	df6	数量		备注
			圆柱销	菱形销	
1	$\phi18^{-0.006}_{-0.017}$	$\phi3^{-0.004}_{-0.012}$			
2	$\phi18^{-0.006}_{-0.017}$	$\phi3.3^{-0.004}_{-0.012}$			
3	$\phi18^{-0.006}_{-0.017}$	$\phi4^{-0.004}_{-0.012}$			
4	$\phi18^{-0.006}_{-0.017}$	$\phi4.2^{-0.004}_{-0.012}$			
5	$\phi18^{-0.006}_{-0.017}$	$\phi5^{-0.004}_{-0.012}$			
6	$\phi18^{-0.006}_{-0.017}$	$\phi5.1^{-0.004}_{-0.012}$			
7	$\phi18^{-0.006}_{-0.017}$	$\phi5.3^{-0.004}_{-0.012}$			
8	$\phi18^{-0.006}_{-0.017}$	$\phi5.5^{-0.004}_{-0.012}$			
9	$\phi18^{-0.006}_{-0.017}$	$\phi6^{-0.005}_{-0.014}$			
10	$\phi18^{-0.006}_{-0.017}$	$\phi6.5^{-0.005}_{-0.014}$			
11	$\phi18^{-0.006}_{-0.017}$	$\phi6.7^{-0.005}_{-0.014}$			
12	$\phi18^{-0.006}_{-0.017}$	$\phi6.8^{-0.005}_{-0.014}$			
13	$\phi18^{-0.006}_{-0.017}$	$\phi7^{-0.005}_{-0.014}$			
14	$\phi18^{-0.006}_{-0.017}$	$\phi8^{-0.005}_{-0.014}$			
15	$\phi18^{-0.006}_{-0.017}$	$\phi8.4^{-0.005}_{-0.014}$			
16	$\phi18^{-0.006}_{-0.017}$	$\phi8.5^{-0.005}_{-0.014}$			
17	$\phi18^{-0.006}_{-0.017}$	$\phi8.6^{-0.005}_{-0.014}$			
18	$\phi18^{-0.006}_{-0.017}$	$\phi8.8^{-0.005}_{-0.014}$			
19	$\phi18^{-0.006}_{-0.017}$	$\phi9^{-0.005}_{-0.014}$			
20	$\phi18^{-0.006}_{-0.017}$	$\phi10^{-0.006}_{-0.017}$			
21	$\phi18^{-0.006}_{-0.017}$	$\phi11^{-0.006}_{-0.017}$			
22	$\phi18^{-0.006}_{-0.017}$	$\phi12^{-0.006}_{-0.017}$			

注:Dg6—定位销大端公差等级;df6—定位销小端公差等级

5.2.4 圆盘定中心组合法

很多环形类零件,内孔和外圆比较大,如用内孔定位找中心,定位芯棒势必很大,一是芯棒加工困难;二是一次性使用,造成浪费,可采用图 5-17 所示方法组合。

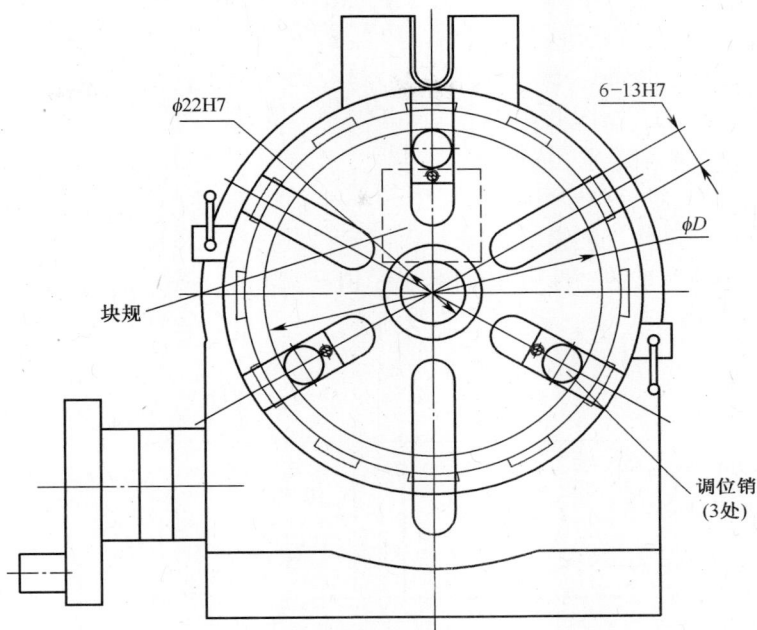

图 5-17　圆盘定中心夹具组合简图

图 5-18 为调位销,位置调整好后用 M5 的螺钉固定。

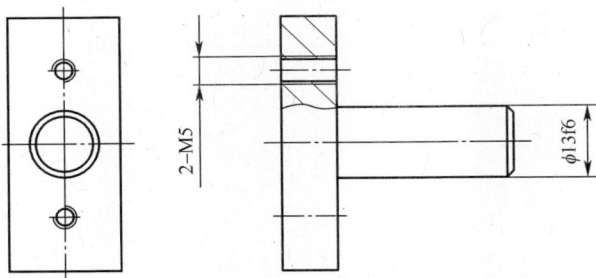

图 5-18　调位销简图

5.2.5　定位板组合法

　　航空附件必须随主机频繁改型而适应其变化,因此,决定我们生产的产品品种多,生产周期短,同一产品生产频率很高,就造成组合夹具工作量大,往往一个工作班需要组合十几套,一方面组合夹具柔性元件和标准件周转不过来;另一方面要用块规调整尺寸,既麻烦又耽误时间,还容易因计算有误把尺寸搞错,影响产品质量和生产进度。为满足生产需要,采用一个产品主定位基准专用一块标准板和副定位基准专用一块标准板的方法来解决这一问题,其优点有:

（1）标准定位板上的两个定位销孔是由加工中心加工,坐标位置很准确。

（2）定位销磨损可以随时更换。

（3）组合迅速而简单,只需要在标准定位板上安装上定位键,装入基础板上,压紧就可以了,操作工人自己也可以装。

（4）定位板制造简单,形成标准化,生产若干备件以备使用,需用时,打上定位销孔,配上定位销即可使用。

给壳体类零件工艺编制夹具选用以极大方便,只要在标准定位板(备件)上标出产品定位基准的坐标尺寸,打孔和配销子就可以了。

图 5-19 为定位板,一般工艺路线如下:

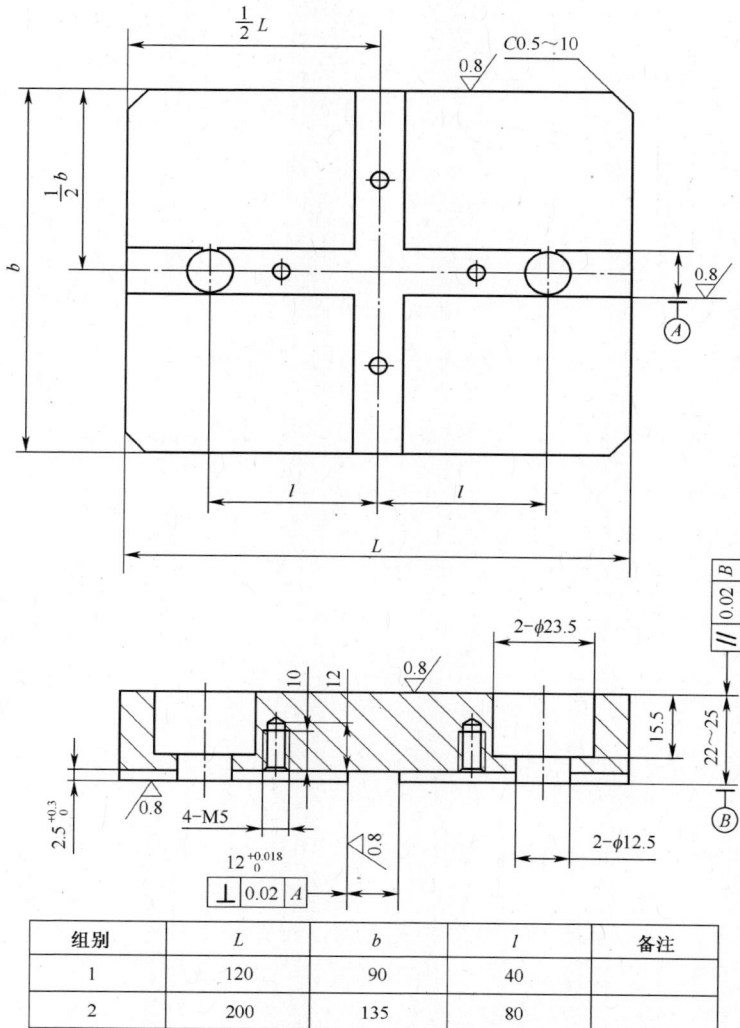

组别	L	b	l	备注
1	120	90	40	
2	200	135	80	

图 5-19　定位板简图

0 工序:1 组 125×95×23-25;2 组　205×140×23-25。

5 工序热处理:退火。

10 工序铣工:铣六方 120±0.3×90±0.3×22-24;200±0.3×135±0.3×22-24,倒角,去毛刺。

15 工序热处理:HRC 32-36。

20 工序平磨:磨两个大平面及一个长侧面。

25 工序加工中心:纵横键槽留磨量,2-ϕ12.5、2-ϕ23.5、4-ϕ4.2(公差:0~+0.13)。

30 工序钳工:攻螺纹 4-M5。

35 工序刀磨:磨纵横处键槽。

5.2.6　加工部位成角度定位板的组合法

这里分单角度和双角度两种情况。

1. 单角度的定位板组合

单角度组合相对简单,如图 5-20 所示用万能角度尺在垂直板上将定位板旋转到所需角度即可。

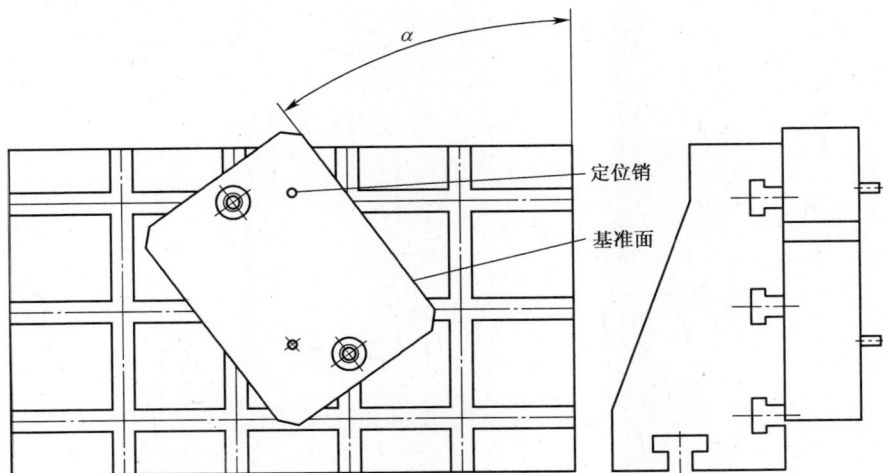

图 5-20　单角度组合示意图

先将一个压紧螺钉置于键槽中,调好 a 角后固定,再用压板压在适当位置就可以了。

2. 双角度定位板组合

将定位板装在正弦台工作面上,和单角度一样,将定位板旋转 a 角度后固定紧,再计算块规尺寸,夹紧正弦台,如图 5-21 所示。

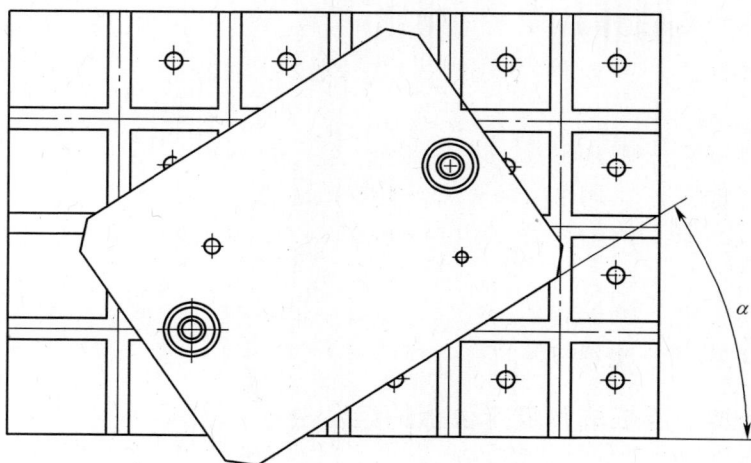

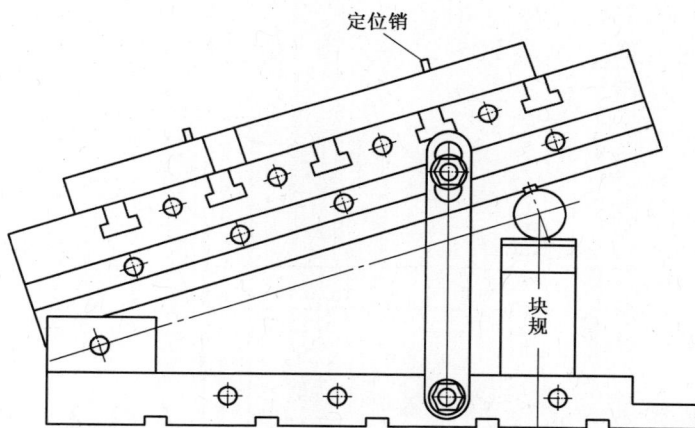

图 5-21　单角度组合示意图

5.3　产品特殊部位的夹具组合

　　本章所讨论的产品特殊部位的装夹组合是指两种情况:一种是指产品加工部位中心线对定位基准面在垂直方向上成夹角,加工内容有切槽、倒角等,万能铣床上不能加工的情况,如图 5-22 所示结构。另外一种是指产品加工部位中心线对定位基准面在垂直方向上成夹角,零件外形太大或孔太深,万能铣床行程不够,无法加工的情况,如图 5-23 所示结构。

　　特别说明:因目前大部分加工企业还没有四轴或五轴加工中心设备,本章主要讨论的是在没有四轴或五轴加工设备的情况下的加工方案。

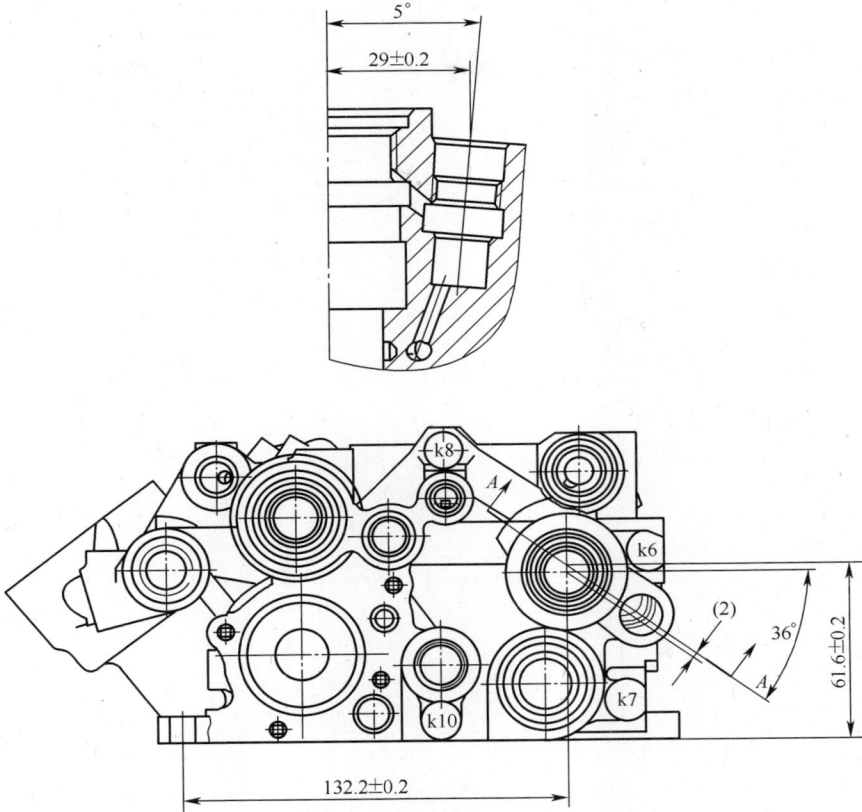

图 5-22　实例 1

5.3.1　产品特殊部位组合夹具分析

从实例 1 和实例 2 可以看出,都是双角度的夹具组合,所谓特殊,主要是:

(1) 双角度中有一个角度与定位基准平面垂直方向成夹角;

(2) 万能铣床不好加工,必须由加工中心和立式钻床加工。

组合夹具必须保证加工部位中心线与机床工作台垂直,为此,必须在组合夹具上消除两个角度,正弦台只能消除其中一个角度,而与定位基准平面垂直反方向的夹角成了难题,为了解决这一难题,我们采用了两种方法:

(1) 用柔性元件 SAFEWAY/MODEL:TSB-160T 直接调出角度,将垂直板装在该元件上在调出另一个角度。但缺点是:该元件工作面小,只有 240mm×280mm,厚度却有 150mm,重度竟达 80kg,组合后高度太高,重量太重,工作面太小,只能加工小零件,使用不方便,所以,基本上不采用。

(2) 制造特殊定位板,改变定位板厚度方向的角度消除与定位基准平面垂

$A—A$ 旋转

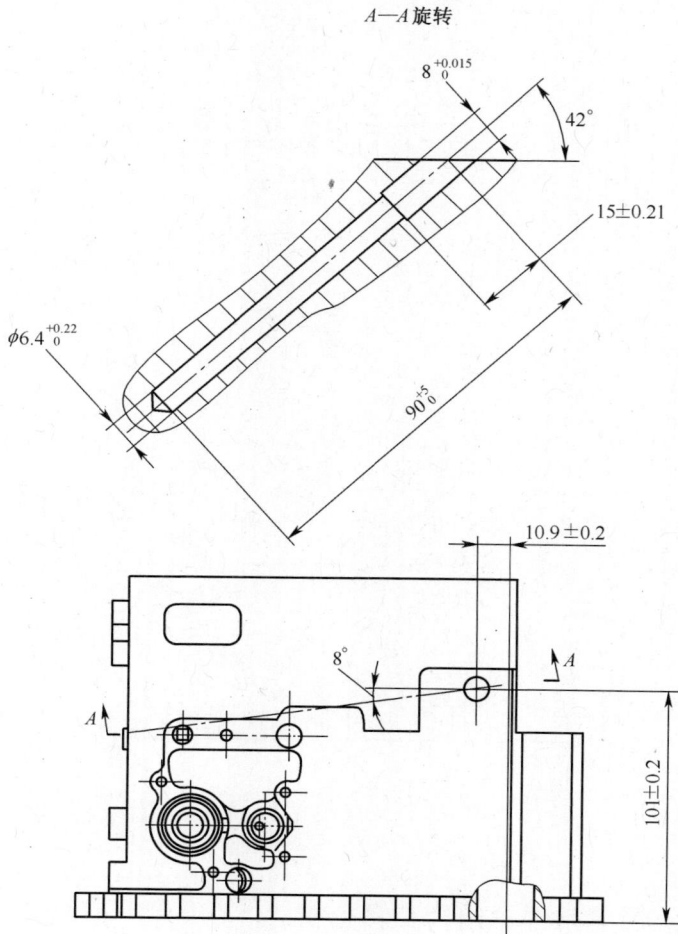

图 5-23　实例 2

直方向的夹角。在定位基准面上,改变定位销的位置,消除另一个角度。

图 5-24 为双角度定位板示意图。

5.3.2　特殊定位投影角度和销孔位置的确定

如图 5-24 所示,投影角度 α 和 β,定位销的位置 x 和 y 的确定,有两种方法:

(1)用立体投影,通过几何计算来确定,这一方法比较复杂,我们不采用。

(2)在电脑上直接量出,既简单又准确。

方法是:

先绘制该产品的三维图;

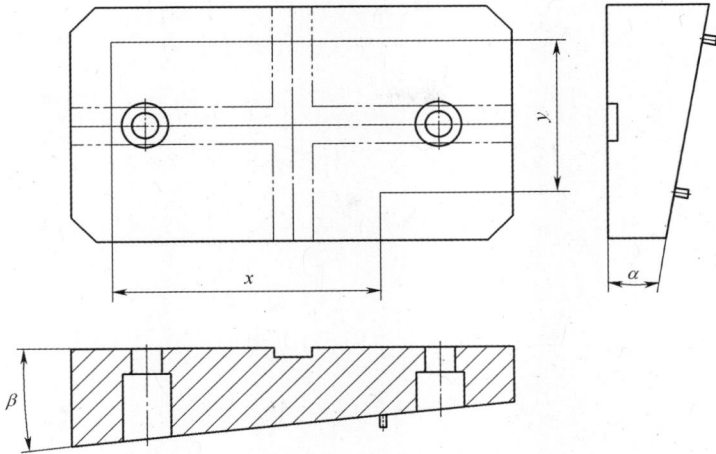

图 5-24　双角度定位板简图

将加工部位的中心线旋转至于机床工作台垂直；

量出在加工定位面上投影的 α 和 β；

量出定位销在定位面上为位置 x 和 y。

记住量得的数值。

5.3.3　特殊定位板的制作

与普通定位板的加工方法是一样的，可参考前面所述的加工方法。

0 工序下料：定位板厚度要根据投影角 α 和 β 大小，保证压紧螺钉和螺母不高出定位平面。

40 工序铣平面，钻铰定位孔

操作方法是：将定位板固定在万能铣床 159 工作台找正，让工作台旋转 α 和 β 两个角，然后用飞刀铣平定位板工作面，按 x 和 y 尺寸要求钻铰定位孔。

45 工序配磨定位销，去毛刺，板就完成了。

5.4　孔系柔性元件的夹具组合

孔系列柔性元件使用没有槽系列多，组合简图如图 5-25 和图 5-26 所示，这里只能做简单介绍。

5.4.1　孔系列柔性元件的优缺点

相对槽系列而言，孔系列柔性元件的优点如下：

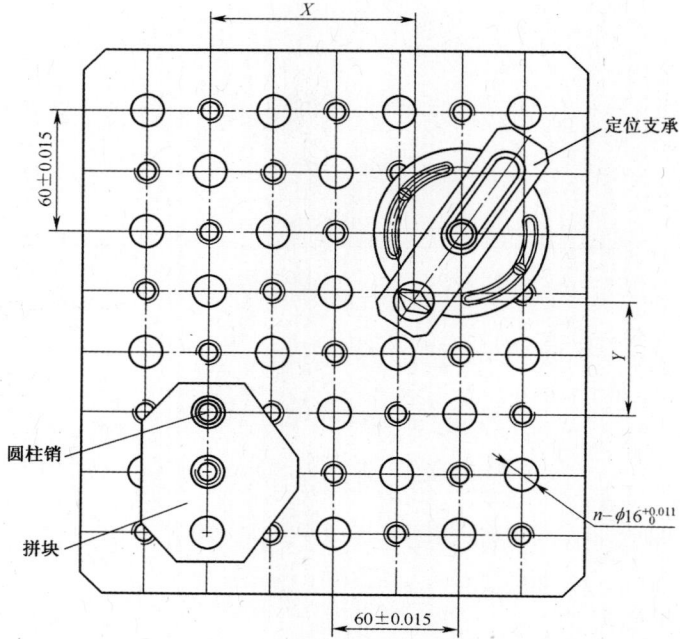

图 5-25 孔系夹具元件组合简图

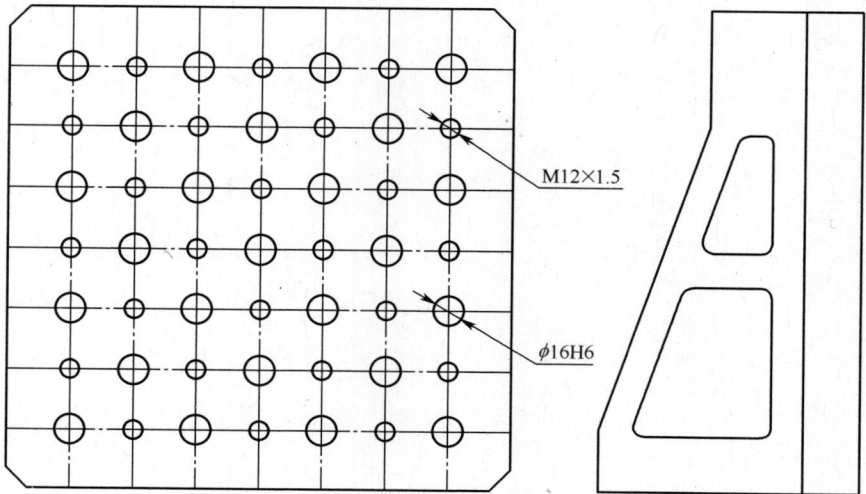

图 5-26 孔系基础角铁简图

（1）以孔定位，定位尺寸准确；

（2）定位稳定，纵使加工中打刀，碰撞后位置也不会变化；

（3）在机床上装卸方便，每次只要装入同一编号孔中，其位置不变。

缺点：

（1）用定位销组合，尺寸调整比较困难；

（2）金属在孔中很难清除；

（3）基准板，特别是角铁（垂直板）由板和架两个部分组成，重量太重。

5.4.2　孔系列夹具组合夹紧方式

孔系列与槽系列夹紧方式不同，组装元件自然不一样，孔系列使用内六角螺钉，穿过空心销将定位板与基础板连接，图 5-27 为空心销。

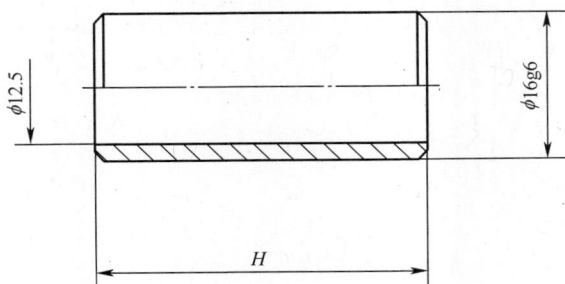

图 5-27　空心销简图

空心定位销可以外购，规格有 $H=20$、25、30、35 四种。

孔系列中采用定位板组合，定位板上两夹紧孔的距离必须是 60 的倍数，如图 5-28 所示。

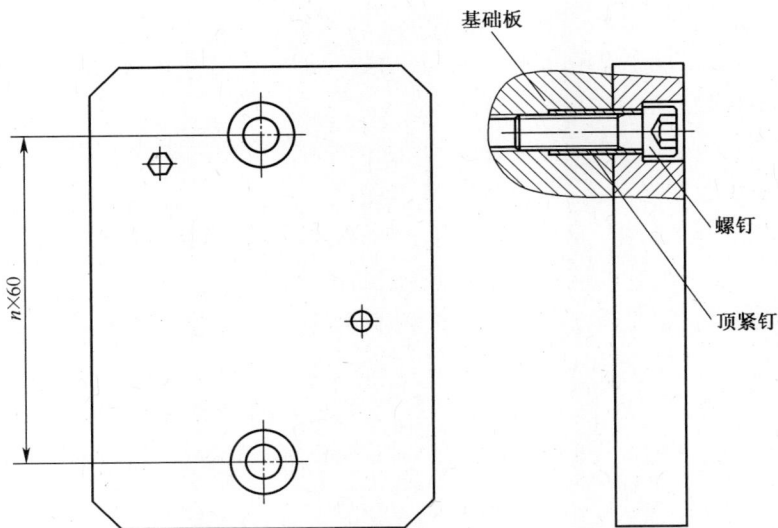

图 5-28　孔系定位板组合夹具简图

81

第6章 数控设备的运用与一般规范

随着社会生产和科学技术的迅速发展,机械产品的性能和质量不断提高,产品更新换代的速度越来越快,造成机械加工中单件、小批量生产的比例越来越大,约占机械加工的80%。因此,要求机床不仅具有高的精度和生产效率,而且还要具备较高"柔性"(即灵活、通用),能迅速适应加工零件的变更。数控机床具有适应性强、较高的加工精度、稳定的加工质量和高生产效率等优点,能很好地解决形状复杂、精密、小批、多变的零件加工问题。

随着计算机技术的高速发展,数控机床的可靠性、柔性、精度、加工速度以及功能等呈现逐步提高上升趋势。机床的平均无故障工作时间由20世纪20年代的100~200h,提高到现在的1000~2000h;数控机床由两轴数控发展到现在的多轴数控(2~9轴);定位精度由20世纪80年代的0.012mm提高到现在的0.0015mm;主轴转速由4000r/min提高到60000r/min,甚至更高;最高的移动速度已超过100m/min;机床功能由单一功能发展到多功能,传统的车、铣、镗、钻等多种工序在一台机床上即可完成,实现了工序的高度复合。

随着数控机床和机械加工技术的发展,计算机辅助设计与制造(CAD/CAM)技术也得以迅速发展,使得传统的机械制造方式发生根本性的变化。传统的粗、精加工概念已越来越模糊,复杂数控加工工艺及编程技术也随之产生并得到了长足发展。

顺应制造技术发展趋势,近年来,通过大力实施技术改造工程,航空发动机燃油控制企业在加工装备方面有了很大的改观,引进了大量先进的数控加工设备,数控加工已成为行业的主流。随之而来的 是需要我们对数控设备的运用水平,即数控加工工艺设计水平跟随硬件装备的提升一起登上新的台阶。例如,从思想观念上,需要理性突破前辈沉积下来的工艺思路,针对航空发动机燃油附件现有制造工艺薄弱环节,深入研究数控机床特有加工优势、特点以及数控加工工艺优化设计技术,对航空发动机燃油控制附件的数控加工工艺进行全新优化设计,充分发掘先进数控设备的加工优势,在确保航空产品加工质量的前提下,实现高效加工。

6.1　数控设备应用现状

6.1.1　国外数控加工技术研究与发展状况

航空制造业在世界各国的国民经济发展和国防事业建设中占有重要地位,其技术水平的发展状况已成为衡量一个国家科学技术发展综合水平的重要标志。为了满足现代航空产品的制造要求,发达国家除了拥有长期的技术积累,基础科学发达和良好的发展环境外,还很重视新技术应用,尤其是计算机技术的成功应用,他们早已在航空制造业中引进了先进的数控加工设备及 CAD/CAM 集成技术,这使得他们的制造水平获得了很大的提高,已走在世界先进制造技术的前沿。

发达国家数控加工技术发展现状和应用水平主要体现在以下几个方面:基本实现机加数控化、广泛采用 CAD/CAPP/CAM 系统和 DNC 技术,达到数控加工高效率,建立了柔性生产线,发展了高速切削加工技术。

1. 基本实现了机加数控化

发达国家数控机床占机床总数的 30% ~ 40%,而航空制造业更高,达到 50%~80%。在发达国家,复杂型面的生产制造都是由数控加工实现的。

2. 数控加工效率高

发达国家数控加工技术应用水平高,表现在:不仅数控设备利用率高(一般达 80%),主轴利用率高(95%),且加工效率极高,加工周期短,劳动生产率是我国的 20~40 倍。航空产品复杂零件加工效率约 40kg/h。

3. 广泛应用先进的 CAD/CAPP/CAM/CAE 系统

广泛应用 CAD/CAPP/CAM/CAE 自动化设计制造应用软件以及并行工程,并有足够的工艺知识数据库、切削参数数据库、各种规范化的技术资料作为使能工具。因而数控加工工艺手段先进,工艺精良,NC 加工程序优质,缩短了工艺准备周期,提高了设备利用率和生产效率,大大缩短了零件生产周期。

4. DNC 技术广泛应用

发达国家飞机制造公司大多数在 20 世纪 70 年代末 80 年代初就已经广泛地应用了分布式数字控制技术(Distributed NC, DNC)。波音公司在 Wichita 军机分部建立的一个 DNC 系统,大约连接有分布在若干不同车间中的 130 多台数控设备,包括加工中心、大型铣床、数控测量机。麦道、MBB 和 extron 工厂等都建立了 DNC 系统。美国大约有 2 万多家小型飞机零部件转包制造商,60% ~ 80%都使用了 DNC 系统。采用 DNC 技术具有明显的经济和技术效益,通常可提高生产率 15%~20%。

5. 高速切削技术的应用

航空产品大型复杂整体结构件采用高速数控加工技术是近几年数控加工技术发展的一种趋势。高速切削加工技术对机床、刀具、控制系统、编程等都提出了更高的要求。发达国家对高速加工的配套技术研究和应用作为一个系统工程看待，解决得较好，并在不断完善。

6. 注重单元自动化技术

西方发达国家不仅重视发展数控主体技术，并注重协调发展与数控技术配套的各单元自动化技术，包括数控车间信息管理系统，从而使数控技术得以快速发展并达到了很高的应用水平，有力地推动了飞机制造业发展和进步。目前，发达国家机加制造商不仅实现了高效数控加工，而且实现了数字化设计（D-D）和数字化制造（D-M）。

如上所述，在发达国家，数控加工技术已非常普遍地应用于各类复杂产品的生产制造中，像箱体、壳体这样一些非回转类零件的机械加工工艺，都已随着发达国家数控加工技术的长足进步而有了很大的改观。尤其是这些零件上的特殊复杂型面的加工工艺，改变更是明显。他们很少使用专用成型刀具加工型面，也不再依赖靠模这一加工工艺方法，而是完全采用数控加工自动化技术，通过控制刀具轨迹来获得理想的型面成型效果；他们用数控铣削技术满足各类箱体、壳体上不同型面的加工要求；对复杂模具型面的加工，他们采用数控铣与数控电火花加工技术来获得满意的加工效果，加工出来的精铸模毛坯，质量相当出色，几乎能与我们的机械加工零件质量相媲美。

由于现代航空产品要求转型快，重量轻，因此，许多发达国家在研发产品的箱体及壳体类产品的生产过程中，已开始尽量避免采用铸造方法获取零件毛坯，而是利用数控设备直接完成零件毛坯成型加工。这样生产出来的毛坯，尺寸精度高，壁厚均匀，不仅可以满足减重要求，还可以缩短产品的试制周期，实现快速转型的需求，同时，这种工艺方法也提高了零件毛坯材料的强度，避免了铸造缺陷造成的浪费。

总的来说，发达国家的应用工程师们将数控加工的现代化加工技术和柔性加工技术很好地运用到了各类复杂产品的生产加工中，并且尽量采用通用的、万能的方法来加工产品。在工艺安排上，他们的数控加工工序内容相当集中，他们追求以最少的装夹次数完成产品的机械加工工作，以期获得最高的加工效率和最少的加工成本。因此，他们的新产品研制技术含量高，研制速度快，质量好，研制效率高。

6.1.2 国内数控加工技术研究与发展状况

当今世界工业国家数控机床的拥有量反映了这个国家的经济能力和国防

实力。我国是全世界机床拥有量最多的国家,但我们的机床数控化率不高,这与西方工业国家的差距太大。与发达国家相比,我国航空制造业普遍存在加工水平低、精度差、效率低、成本高、质量不稳定等问题。不少航空企业仍然在使用 20 世纪五六十年代生产的普通设备加工产品,这些设备的加工性能及生产能力根本不能满足现代航空业的制造要求。为了赶超世界先进水平,提高我国国防建设的整体实力,满足航空产品的现代化加工要求,我国的航空工业生产领域迫切需要大力发展先进的数控加工技术。我们只有在自动化、高精度的加工设备及先进计算机辅助制造技术的支持下,不断提高工艺水平,才有可能使自己立于不败之地。因此,国家计委、经贸委从"八五""九五"就提出数控化改造的方针,这使得承担数控化改造的企业公司大量涌现,甚至还有美国公司加入。"十五"刚刚开始,国防科工委就明确提出了在军工企业中投入 6.8 亿元,用于对 1.2 万台~1.8 万台机床的数控化改造。

我们国家非常重视航空制造业的技术发展状况,通过大力实施技术改造工程,各航空企业在加工装备方面有了很大的改观,各自引进了大量先进的数控加工设备,使得数控加工已成为我国航空制造业的主流。硬件装备提高了,加工工艺技术当然也应跟着上新台阶。国内数控加工工艺技术也在实际应用过程中得到了长足的发展,在复杂型面数控加工工艺技术、高速数控加工技术、先进 CAD/CAPP/CAM/CAE 系统应用技术、DNC 技术等方面,都已获得很好的技术积累和应用经验。在实际应用过程中,国内的许多企业都已熟练掌握了数控设备的加工特点,充分发挥其自动化程度高、加工精度高、加工一致性好的优势,成功实现了模具、复杂壳体零件、高精度产品以及特殊复杂结构型面的数控加工过程,不仅获得了满意的产品加工效果,并且提高了企业自己的加工技术水平,为我国机械加工工艺技术进步,以及数控加工应用技术进步做出了卓越贡献。

可我们也必须看到,还有许多国内企业在数控加工应用技术方面存在较大的薄弱环节。在思想观念上,不少企业还停留在前人沉积下来的工艺思路上,简单地把加工中心当作普通铣床来安排加工工艺,把数控车床当作高精度的普通车床来使用。工序内容相当分散。再加上对数控编程技术掌握不精,使得我们总是不能很好地利用这些先进数控设备的加工优势。例如,在箱体零件表面环形槽加工工艺安排中,不少企业还是沿用成型刀具的思路,对无法使用成型刀具,只能靠数控编程加工成型的情况,加工效果总是不够理想,不是型面成型效果不好,就是型面加工尺寸不够稳定。对模具产品复杂型面的数控加工,更是让我们很多的航空企业感受到来自数控工艺及数控编程的压力,经常出现因程序编不出来而导致模具无法正常在数控设备上加工的情况。

因此,我们需要继续深入研究数控加工工艺及编程技术,并做好其推广应用工作,充分发掘先进设备的加工优势,将其恰当运用于航空产品的生产制造过程,确保航空产品加工质量。

6.2 数控技术应用原则

6.2.1 工艺路线设计原则

工艺路线设计是对工艺过程的总体布局。一个零件可以通过不同的工艺路线制造出来,质量、生产率和经济性是判断工艺路线设计是否合理的主要指标。充分利用现有设备条件,是工艺路线设计应遵循的基本原则。

数控机床的主要特点是:对加工对象改型的适应性强;加工精度高;加工生产率高;操作者的劳动强度低;有利于生产管理的现代化。航空产品的生产特点是加工批量小、改型频繁、形状复杂以及精度要求高等,特别适合采用数控机床加工。由于数控加工工艺源于传统的加工工艺,是传统加工工艺、计算机数控技术、计算机辅助设计和复杂制造技术的有机结合,因此,进行航空产品数控加工工艺路线设计时,需要将传统加工工艺的成熟技术和方法与数控加工特点相结合,通过不断优化设计方案,才能充分发挥出数控机床的特有功能和优势,高效、低成本加工出满足质量要求的合格产品。

航空发动机控制器壳体数控加工工艺路线设计时应遵循以下原则:

1. 合理选用机床原则

随着数控机床制造技术的发展,各类结构、各种功能的数控机床应运而生,有立式加工中心、卧式加工中心、立卧转换加工中心,有三轴加工中心、四轴加工中心、五轴加工中心,还有高速加工中心等。根据工件加工的要求,合理选择加工机床尤为重要。需要考虑的主要因素有:毛坯的材料和硬度、工件轮廓形状及复杂程度、尺寸大小、加工精度、批量要求等。总体来说,选用数控机床时应主要考虑三项基本要求,分别是:要保证加工零件的技术要求,加工出合格产品;有利于提高生产率;尽可能降低生产成本。

2. 工序集中原则

一道工序(零件一次装夹)中,尽最大可能安排多的加工内容。工序集中,有利于通过减少二次装夹加工带来的定位误差和重复定位误差,提高加工精度;有利于通过减少装夹次数、计量检测次数以及换刀次数等,减少停机等待时间,缩短生产周期,提高加工效率。

3. 方便编程原则

数控编程是数控加工的重要环节。程序出错则零件报废,程序不合理会影响加工质量、加工效率、刀具寿命以及机床精度等。一个好的数控工艺设计方案应力求每一道数控加工工序编程计算量少、编程工作量小、程序短、空行程少、调用刀具次数少。

4. 合理选择装夹方式原则

进行数控加工工艺路线设计时,为减少装夹误差,各工序应尽量采用统一的定位基准,并尽量使该基准与零件设计基准重合。数控加工的特点对装夹方式提出了两个基本要求:一是要保证工件的坐标方向与机床的坐标方向相对固定;二是要协调工件和机床坐标系的尺寸关系。除此之外,还要考虑到以下几点:批量不大时,尽量采用组合夹具、可调式夹具及其他通用夹具,以缩短生产准备时间并节省费用;零件装卸要快速、方便、可靠;不妨碍机床对零件各表面的加工,即夹具要开敞其定位、加紧机构元件,不能影响切削加工;合理选择夹紧受力点,尽量保证作用在工件上的夹紧着力点在定位支撑区域内,避免夹紧力造成工件变形或翻翘。

5. 先粗后精原则

虽然数控机床加工精度比较高,但不能忽略切削变形对加工精度的影响。对高精度要求特征,在工艺路线设计时,需要分别安排粗、精加工,确保粗加工大余量切削后带来的零件变形得到充分恢复,再安排精加工工序,满足零件的加工精度要求。

6.2.2　工序内容设计原则

数控加工工序内容设计过程实际就是数控设备走刀切削的全过程,要求工艺人员认真考虑各工步的划分与安排,需要明确定义加工坐标系、加工区域、工步顺序、刀具参数、走刀路径、切削用量等具体工艺内容。由于数控机床的自适应性较差,不能随时根据加工中出现的问题自由进行人为调整,因此,进行数控工序内容设计时必须慎重考虑加工过程中的每一个细节,并力求准确无误。否则不仅无法获得满意的加工效果,甚至有可能造成产品质量事故或机床碰撞事故。

1. 加工坐标系设计

数控机床的坐标系统,包括坐标系、坐标原点和运动方向,根据 JB 3051—1982《数控机床坐标和运动方向命名》标准规定,标准坐标系采用右手笛卡儿坐标系表示。

加工坐标系对于复杂型面数控加工编程及操作,是一个十分重要的概念。定义加工坐标系应遵循以下原则:

(1)便于一次走刀完成复杂三维型面的完整切削加工。即尽量不让三维型面的任何部位因被其他部位遮挡而无法实现型面的同时完整成型。

(2)方便数控编程时的尺寸换算。

(3)尽量使坐标原点与定位基准点重合。

（4）尽量做到让操作者可以清楚观察整个切削加工过程。

2. 加工区域设计

安排在同一道工序中的复杂型面往往会包含众多不同结构的三维曲面、二维型面以及特殊结构型腔等，这些不同结构特征的加工要求会不尽相同。进行工艺设计时，需要针对不同的加工需求，设计不同的工艺方案。因此，需要进行加工区域划分设计，划分原则如下：

（1）走刀方式不一致的型面分为不同加工区域。

（2）切削刀具几何尺寸不一致的型面分为不同加工区域。

（3）高度落差大的型面分为不同加工区域。

（4）加工精度要求不一致的型面分为不同加工区域。

（5）二维轮廓加工和三维曲面加工分为不同加工区域。

加工区域划分设计越细致，各区域的加工针对性就越强，加工效率和成型质量也会越好。但如果划分过细，也会带来加工工步增多、编程工作量增大等问题，同时对编程者的工艺分析及工艺设计专业水平和细心程度要求会大幅提高。因此，需要根据加工型面结构的实际情况，具体问题具体分析，灵活掌握加工区域划分尺度。

3. 工步顺序设计

定义工步顺序，需要遵循先粗后精、最少调用刀具次数的设计原则。

为保证零件的加工精度和加工效率要求，同一道工序中也会根据需要分别设计粗加工、半精加工、精加工工艺内容。粗加工充分发挥机床和刀具的加工性能，快速高效去除多余材料；半精加工快速对粗加工留余部分进行补充切削，为精加工保留少量均匀的加工余量；精加工规则地去除粗加工及半精加工工步保留的多余材料，使复杂型面精确成型，目的在于保证型面尺寸加工精度和加工表面质量。

由于不同加工区域有可能会选用到相同的加工刀具，为提高加工效率，对使用同一把加工刀具且切削量相同的加工内容应安排在同一工步中，以减少停机换刀时间。

4. 加工刀具选择

加工刀具的选择是数控加工工艺设计中的重要内容，它不仅影响数控机床的加工效率，而且直接影响加工质量。粗加工工步宜选用大尺寸大铣削量刀具，半精加工及精加工刀具则需要根据型面结构特点选取。对于三维曲面的精加工刀具，宜选用牛鼻刀、球头刀。

为了减少换刀次数，减少刀具规格、计划停车次数和对刀次数，可先对复杂型面的三维 CAD 数据模型进行适当编辑修整，使各加工面的凹圆弧（R 或 r）尽量统一。一般而言，即使不能寻求完全统一，也要力求将数值相近的圆弧半径分组靠拢,达到局部统一,尽量减少刀具规格和换刀次数。

选用精加工切削刀具时,一般应遵循以下原则:

(1) 刀具半径 r 应小于加工件内轮廓面的最小曲率半径 ρ,一般取 $r = (0.8 \sim 0.9)\rho$。

(2) 为保证刀具有足够的刚度,选定范围的加工高度 $H < (1/4 \sim 1/6)r$。

(3) 加工盲孔(深槽)时,选取 $l = H + (5 \sim 10)$ mm(l 为刀具切削部分长度, H 为加工部位高度)。

(4) 加工型腔及通槽时,选取 $l = H + r_c + (5 \sim 10)$ mm(r_c 为刀尖角半径)。

(5) 加工肋时,刀具直径为 $D = (5 \sim 10)b$,其中 b 为肋的厚度。

5. 走刀路径设计

走刀路径是数控加工中刀具刀位点相对工件运动的轨迹及方向。它既包括了工步的内容,也反映出工步安排的顺序,是编写数控加工程序的重要依据。合理的走刀路径,是指能保证零件加工精度、表面粗糙度要求,切削负荷均匀平稳、工件变形最小,数值计算简单,程序段少,编程量小,走刀路线最短,空程最少,切入切出及顺逆铣方式合适的高质量、高效率路径。一个好的走刀路径生成方法,不仅应该满足计算速度快、占用计算机内存少的要求,更重要的是要满足切削行间距分布均匀、加工误差小且走刀步长分布合理、加工效率高等要求。

根据多年的实际应用经验,对航空发动机控制器壳体复杂型面加工走刀路径的设计策略是,根据型面轮廓结构情况以及实际加工要求的不同,有区别地选择各种形式、各种方向的加工刀路。在情况允许的条件下,优先选择简单刀路,即尽量选用与机床坐标轴平行(即 0° 或者 90°)方向切削。这是因为单轴插补加工其物理意义在于不存在轮廓误差,而两轴或两轴以上插补加工,在两轴位置增益不相同时,存在轮廓误差。由于单轴插补加工不存在轮廓误差,故对于加工中心加工零件,应尽量使零件的直线轮廓平行或垂直于坐标轴,以提高零件的加工精度。

6. 切削用量设计

合理选择切削用量,对保证加工精度和表面质量、提高切削效率和刀具的耐用度等,都有很大的影响。

选择切削用量时要确定切削深度、进给量和切削速度。在这三个因素中,影响刀具耐用度最大的是切削速度,其次是进给量,而切削深度则影响最小。因此,在粗加工阶段,应考虑选择尽可能大的切削深度,其次是选择较大的进给量,最后确定一个合适的切削速度。在精加工阶段,由于加工精度和表面质量的要求较高,因此,一般选择较小的切削深度和进给量。在保证刀具耐用度的前提下,应选取较高的切削速度,以保证加工质量和生产效率的要求。

6.3　数控加工工艺过程仿真校验及加工程序的生成

6.3.1　数控加工工艺过程仿真校验

由于数控加工工序集成的特点,数控加工程序,尤其是应用自动编程软件 CAM 功能编制出的数控加工程序,程序段长,数据点多,程序结构复杂,因此造成程序校验工作较为困难。通常采用仿真切削加工方式作为对实现数控加工工序及工步内容而获得的刀位源文件进行正确性校验,作为对复杂程序的检验手段。

切削仿真的目的是检查所生成刀具运动轨迹的正确性,及时发现错误或缺陷,如刀具轨迹是否与机床或夹具发生干涉,机床的动作是否正确等,为实际切削加工提供可靠的依据,防止加工失误。

大部分 CAM 自动编程系统本身具有刀具轨迹验证功能,对可能过切、干涉与碰撞的刀位点,可采用系统提供的刀具轨迹验证手段进行检验。但通常这类刀轨验证功能都比较简单,对程序的校验效果不是很好,只适合作简单校验。对复杂加工程序,建议采用专业的仿真加工软件进行程序校验(如 CGTech 公司开发的 VERICUT 软件)。这类软件往往能交互式地模拟、验证和显示 NC 刀具路径,是一种花费少、效率高、不用机床而可进行 NC 加工试验的方式。它可以免去费钱耗时的试切,缩短机床调试准备时间,并大大减少刀具磨损和清理等工作。

专业切削仿真软件对程序进行校验仿真也讲究应用技巧,建议将每一刀轨文件的切削仿真分为以下两部分进行:

首先,按被加工件加工前的毛料尺寸定义切削仿真所用毛坯几何体,按实际工艺过程定义装夹压紧方式,这样,在仿真过程中,可以看到每一道工步安排中,刀具的实际切削状况,可以清楚地验证出刀具总长以及切削刃长度是否足够,下刀以及进退刀过程是否安全、合理,切削用量的定义是否合适,刀具是否会与加工件或机床发生碰撞,等等。仿真过程结束后,我们还可以在切削仿真后的模型上测量查看经虚拟切削后的加工尺寸。这些都可以帮助我们确认加工工艺安排是否正确合理,也可以作为我们重新调整工艺设计方案的关键依据。更重要的是,它可以让我们编程人员在把自己编写的加工程序交给加工者以前,做到自己心中有数。

其次,将切削仿真所用毛坯几何体定义为 CAD 阶段所获得的三维数据模型,这样,通过切削仿真,可以明确地观察到各工步加工刀具切削轨迹是否有过切问题,避免出现因程序问题导致加工报废。

切削仿真不可能帮助我们发现所有编程及走刀问题。有些问题,如 G00 快速移动代码,仿真时是点到点运动,可有些数控机床的控制系统则是按先 45°方向运动,再沿单轴移动方式走刀,这种情况仿真软件是无法发现碰撞或过切问题的。因此,只有做到全面了解编程软件、仿真软件及加工设备各自特点,才能最终做出满足加工要求的适用数控加工程序。

6.3.2　数控加工程序的生成

数控加工程序编制的方法有两种:手工编程与自动编程。

手工编程是指编制零件数控加工程序的各个步骤均由人工来完成。对于点位加工和几何形状不太复杂的零件,数控编程与计算较简单,程序段不多,都可以采用手工编程的方式来实现。对于二维加工对象的数控编程,手工编程是十分重要的。即使是采用专用的 CAD/CAM 系统进行二维或三维数控编程,同样需要手工编程基础。手工编程一般适用于两轴联动的数控编程,不适用于计算复杂的高难度编程,对于三维加工对象,手工编程很困难,一般均采用 CAM 自动编程方法进行数控加工编程。

自动编程也称为计算机编程,是指将输入计算机设计和加工信息自动转换成为数控装置能够读取和执行指令的过程。随着数控技术的发展,数控加工在机械制造中的应用日趋广泛,使数控加工方法的先进性和高效性与手工编程的矛盾更加突出,数控编程能力与生产不匹配的矛盾日益显著,如何有效地表达、高效地输入零件信息,实现数控编程的自动化,已成为数控加工中急需解决的问题。计算机科学技术的发展,给数控技术带来了新的发展奇迹,其强大的计算功能,完善的图形处理能力都为数控编程的高效化、智能化提供了良好的开发平台。

刀位源文件(文本文件)必须通过后置处理程序(Postprocess)进行格式转换,生成数控代码的文件格式才能够被数控系统接受。不同的数控系统通过自己独特的代码格式进行控制。后置处理是在仿真加工结束,确定刀具轨迹符合加工要求后进行的工作。即调用后置处理程序对刀具轨迹数据源文件进行处理,生成符合数控机床控制系统要求的数控加工程序。这是 CAM 编程的最终结果。"后处理程序"是一个软件程序,它用于把刀具路径挡转换为 NC 工作程序,即将所生成的刀具几何运动轨迹处理为特定机床数控技术所需的 NC 代码,每一种特定加工机床和控制器都需要有不同的"后处理程序",因此,"后处理程序"必须规划为某一特定的控制器/加工机的格式,这样,转换出来的 NC 码才能被接受。

各类数控加工编程软件都会提供一个平台供应用工程师做二次开发,例如,UG 软件提供了 MDFG. EXE 工具。应用工程师们可针对现场设备实际情况,自行编写制作标准后置处理程序 XX1 . MDFA 或 XX2 . MDFA 等,分别用来将所生成的刀位文件转换成各类数控系统所用 NC 代码。标准后置处理程序经实践证明能够满足数控系统加工要求后,便可作为标准文件固化存档,使用时根据所选用的数控系统,调用其机床数据文件,运行数控编程系统提供的后置处理程序,将刀位原文件转换成数控加工程序。后置处理程序对 CAD/CAM 功能和具体数控设备起到了必不可少的桥梁作用。处理好后置处理的步骤,要求处理者对数控机床及数控系统有较为深入的认识。

由于航空发动机控制器壳体外型面以复杂弧面连接为主,加工过程中进行的多为三维型面加工,使用直线插补和圆弧插补指令就可以满足编程要求。对需要使用数控系统固定循环指令进行编程加工的其他非型面结构特征,由于其结构简单,适应采用手工编程方式,不在复杂型面的工艺规划过程中考虑。因此,在制作用于复杂型面数控加工的后置处理程序时,对切削过程中的 G 代码只定义 G01(直线插补)、G02(顺时针圆弧插补)、G03(逆时针圆弧插补)的数据指定格式即可,这样生成的后置处理程序简单,容易修改,且不易出错。

当然,数控加工程序生成后,可以在计算机或机床上进行手工修改,以适应实际加工中的具体情况。对于加工程序段多,并且复杂难读的加工程序,其加工坐标数据不宜手工更改,建议只对机床主轴转速 S、刀具进给速度 F、刀具快速转移高度等简单数据做修改。当加工过程中的工艺设计安排需要做较大调整时,应重新进行工艺设计及加工仿真等操作,生成新的数控加工程序用于生产加工。

第7章 典型结构数控工艺规划实例

　　数控加工工艺规划和编程技术水平是影响产品加工效率及加工质量的重要因素。我们必须以获得高效率、低成本、高质量、高精度的加工效果为目标，审慎规划数控加工工艺路线及加工参数，达到提升数控加工技术水平，最大限度发挥数控设备使用效率的目的。

　　本章针对作者所在的公司普遍存在的数控加工技术水平不高、加工效率低等问题，重点研究了航空发动机控制器壳体零件的数控加工工艺规划和编程技术。通过利用数控系统多轴联动的特点，找到一种加工端面环型槽的特殊下刀方法，解决了箱体零件端面环型槽尺寸加工稳定性问题；通过对复杂型面数控加工工艺技术的深入探讨，研究了航空发动机控制器壳体金属模具复杂型面及壳体复杂外型面的数控加工工艺路线规划及其数控编程技巧。这些研究工作已在企业得到了实际应用，为航空发动机控制器壳体复杂型面零件数控加工技术的推广应用及发展提高打下了良好的应用基础。

7.1 端面环形槽数控加工编程技巧

7.1.1 端面环形槽数控加工工艺方法分析

　　箱体类零件是航空产品典型零件，这类零件通常都会对不同的加工要素有不同的密封要求。对有端面密封要求的该类零件来说，主要靠端面密封胶圈和端面环形槽来实现其密封要求。因此，这类箱体零件的端面环形槽加工质量对其使用时的密封效果起到极其重要的作用。通常，端面环形槽的几何形状都是简单的二维轮廓形状，结构非常简单，属于简单的二维编程对象，多用手工编程方式完成其数控加工程序编制工作。它的形状虽然简单，但如果掌握不好其数控加工工艺思路和编程走刀技巧，其加工质量的保证也是很困难的事情。因此，在编制数控加工程序之前，我们要对其数控加工工艺方案做一详尽分析和周密安排。根据端面环形槽结构特点和加工要求，在规划数控加工工艺方案时，应注意做到以下几点：首先，选择刀具直径应与槽宽尺寸一致，在槽宽方向上一次铣削完成切削加工。这样，可以控制槽底不存留接刀痕迹，保证槽底部的密封要求。其次，拐点（针对有拐点的端面环形槽）的处理要合理。尽量避免采用直角过渡,而是选用圆角过渡,这样,不会因走刀方向忽然改变而损坏刀具,零件拐角的轮廓误差也得以有效控制,并且可以保证拐角处的内圆弧圆滑过渡,避免换向时产生短暂停顿现象和刀具振动的产生。如果确需直角过渡的,可以在拐角处加入 G04 指令,延时数十至数百毫秒,这样,前段轮廓加工时的跟随误差能迅速得以修正。再次,下刀点及进退刀方式的选择非常重要,手工编程应尽量选择在零件实体材料以外处下刀,这样即使编程工作简单,又可保证安全加工。进退刀方式的选择因加工件形状不同而异,总的来说,以进退刀刀痕不影响零件尺寸精度和外观要求为原则。

7.1.2　端面环形槽数控加工实例研究

图 7-1 所示是一个已经加工好的箱体零件,它的端面环形槽是最简单的一种端面环形槽结构,我们从图形上可以清楚看出,这是一个典型的二维结构加工。

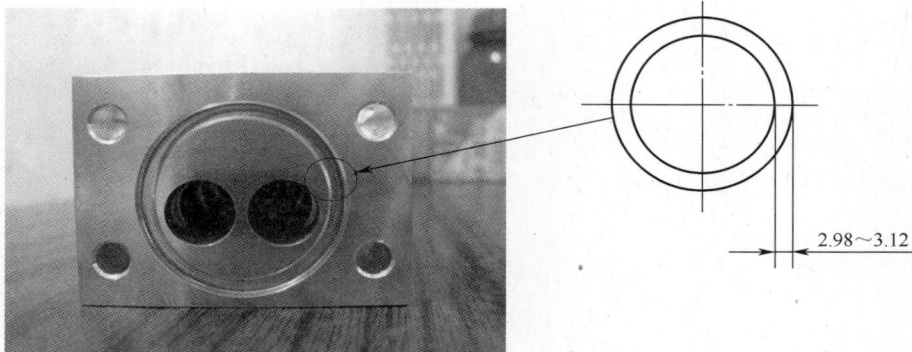

2.98~3.12

图 7-1　箱体零件及其端面环形槽

根据端面环形槽数控加工一般工艺思路,我们按槽宽尺寸选择刀具直径为 $\phi3$,考虑到环形槽底面的成型质量,刀具类型选定为带底齿的键槽铣刀(齿数为 2)。按传统加工思路,刀具铣削轨迹规划为:垂直下刀→圆周铣削→垂直提刀。根据选用刀具切削参数选用表,该刀具切削加工线速度应为 70~90m/min,每齿进给量 0.02~0.03mm。在本例产品加工中选定切削线速度为 80m/min,每齿进给量为 0.02mm。经计算得:

$$主轴转速\ n = (线速度×1000)/刀具直径×\pi$$
$$= 8500r/min$$
$$进给速度\ v = 每齿进给量×齿数×主轴转速$$
$$= 340mm/min$$

由于在铣削端面环形槽时,铣刀处于全直径切削状态,这种状态下铣刀的排屑条件很差,并且是单层铣削深度越深,排屑条件越恶劣。而铣刀的排屑条件直接影响槽侧壁的机加粗糙度。因此,我们选定较小的单层铣削深度 0.5mm。

　　基于上述工艺分析和计算数据,我们编制出该端面环形槽数控铣削加工程序如下:

```
T16M6G43H16;---MILL 14D6151/0076(Dia3.06)
G0X11.094Y-20.422
S8500M3
G0Z10M8
G1Z0F3000
G1Z-0.5F50
G3X11.094Y20.422I14.306J0F340
G1Z-1F50
G3X11.094Y20.422I14.306J0F340
G1Z-1.5F50
G3X11.094Y20.422I14.306J0F340
G1Z-1.96F50
G3X11.094Y20.422I14.306J0F340
G0Z200
M30
```

　　图 7-2 显示了该工艺方案加工刀具轨迹,走刀顺序为 1→2→3→2—>4→2→5→2→提刀。

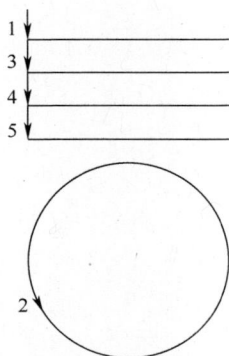

图 7-2　垂直下刀 4 层铣削刀轨图

　　理论上说,该程序完全符合常规加工工艺方案及数控编程要求。可是,该程序的实际加工效果却不尽如人意,首先,从外观上看,在下刀点处,槽侧壁及槽底部均有明显刀痕,刀痕有一定深度,直接影响槽的实际密封效果;从机加尺寸上看,下刀点附近槽宽尺寸波动较大,机加质量不够稳定,我们采用该工艺方法加工了 17 件零件,4 件槽宽尺寸超差,超差率 23.5%。以上两点缺陷表现显示,导致该端面槽加工质量不稳定的特征都体现在下刀点处及其附近,因此,我们考虑从下刀方式上着手找问题结症之所在,并对该问题做进一步的探讨和研究。

首先,通过工艺试验来确定影响槽宽几何尺寸加工稳定性的主要因素。此时,我们暂时忽略铣刀排屑条件对槽侧壁加工粗糙度的影响,通过改变 Z 方向铣削余量,来研究多次进退刀对下刀点处槽宽尺寸影响程度。具体做法是:将原先的 4 层铣削改为单层铣削,其铣削刀轨图如图 7-3 所示,走刀顺序为 1→2 →提刀。

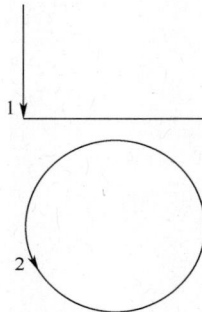

图 7-3 垂直下刀单层铣削刀轨图

该工艺方案的加工结果显示:下刀痕迹仍然明显存在,并且由于排屑不畅,侧壁表面粗糙度非常不好,多处有明显切屑造成的划痕。对槽宽尺寸进行仔细测量后发现,槽宽几何尺寸波动更大,加工的 5 件零件中,就有 2 件槽宽尺寸超差。由此可见,铣刀的单层铣削深度不是槽宽加工尺寸不稳定的主要影响因素,该工艺方案不能够满足我们的加工要求。

经过再次的分析讨论,我们认为,要想从根本上解决该端面环形槽加工质量问题,必须从加工工艺方案着手,对铣削刀具轨迹重新进行细致的分析研究。经过研究,我们意识到,加工中心设备具备加工自动化程度高,编程加工柔性强的特点。我们应该充分利用它的这一特点,将铣削下刀点均匀分布到整个环形槽型面上,这样至少应该可以改善原单一位置下刀点处的缺陷集中现象。根据这一思路,我们重新制定工艺方案,将在环形槽上某一点垂直下刀铣削的下刀方式,改为顺着环形槽轮廓方向螺旋下刀铣削。考虑到排屑问题,仍然分 4 层进行小切削量铣削。按这一工艺方案编制数控加工程序如下:

```
T16M6G43H16;---MILL 14D6151/0076(Dia3.06)
G0X11.094Y-20.422
S8500M3
G0Z10M8
```

```
G1Z0F3000
G3X11.094Y20.422I14.306J0Z-0.5F340
G3X11.094Y20.422I14.306J0Z-1
G3X11.094Y20.422I14.306J0Z-1.5
G3X11.094Y20.422I14.306J0Z-1.96
G3X11.094Y20.422I14.306J0F100
G0Z200
M30
```

图 7-4 显示了该工艺方案加工刀具轨迹,刀具在 XY 平面沿着环形槽轮廓做圆周运动,同时在 Z 方向做垂直向下运动,螺旋角 $\theta = \arctan(0.5/14.3\pi) = 17'$。加工至槽底深度后,作一完整平面圆周铣削,最后提刀,完成全部铣削过程。

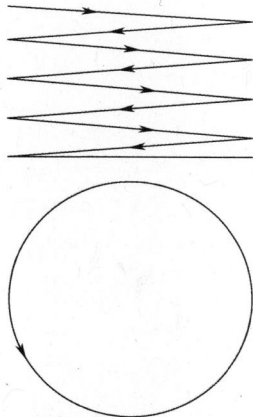

图 7-4　螺旋下刀铣削刀轨图

该螺旋下刀铣削工艺方案加工结果显示:铣刀的下刀痕迹已不复存在,槽宽尺寸波动范围明显减小,只是在提刀点有轻微刀痕,但是手摸感觉不到刀痕深度,加工质量可以满足零件的密封要求。

对三种下刀方式获得的槽宽尺寸数据进行统计,获得统计数据如表 7-1 所列。

表 7-1　槽宽尺寸统计数据表

下刀方式	收集件数 /件	槽宽最大值 /mm	槽宽最小值 /mm	槽宽平均值 /mm	超差件数 /件	超差率 /%
垂直下刀 4 层切削	17	3.22	2.93	3.07	4	23.5
垂直下刀单层切削	5	3.16	2.95	3.03	2	40
螺旋下刀切削	35	3.03	2.96	3	2	5.7

由所收集槽宽尺寸数据作出箱体端面环型槽加工下刀方式箱线如图 7-5 所示。

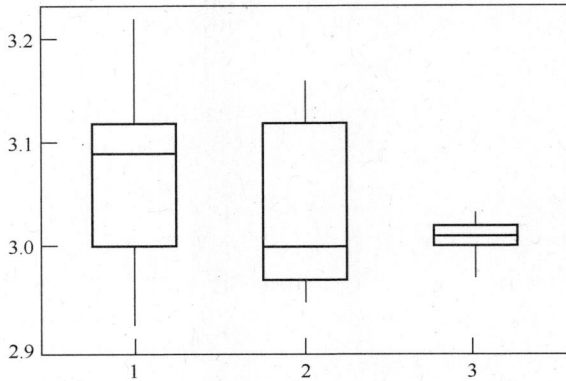

图 7-5　不同下刀方式加工结果箱线图
1—垂直下刀 4 层铣削;2—垂直下刀单层铣削;3—螺旋下刀铣削。

由表 7-1 及图 7-5 可知,螺旋下刀切削获得的槽宽加工尺寸最为稳定。该加工方式虽然有 5.7% 的超差率,但由最大值、最小值、平均值数据及箱线图可知,加工出的槽宽尺寸整体偏下差。从机理上分析,这是因为在实际加工过程中,采用的是 $\phi3$ 键槽铣刀,刀具几何尺寸原本就处于槽宽尺寸下限值,故造成槽宽尺寸整体偏小。可以断定,通过调整切削刀具几何尺寸的方法,我们完全可以消除这一加工缺陷。

由本例加工结果可见,在编制端面环形槽数控铣削程序时,改变下刀方式,把二维下刀编程改为三维下刀编程,可以大幅度地减少槽宽尺寸波动范围,进而保证实际加工尺寸的一致性。这正是数控加工所应达到的加工效果。

我们再从工艺原理上来分析这一结果。对垂直下刀铣削方式,机床运动过程是:先沿 Z 轴垂直向下,到切削深度后停顿,转向进行 XY 平面切削。正是因为刀具在进给运动过程中有减速至零后再增速这样一个过程,导致整个过程切削状况不一致,因此加工尺寸出现波动。而螺旋下刀铣削避免了刀具在加工过程中的这一变速过程,它让整个加工过程的切削状态基本保持平稳一致,因此,获得了稳定的槽宽几何尺寸。

从这一实例可以看出,手工编程并不只是一个简单的数学计算和编程代码熟练运用过程,它实质上是一个对数控机床的加工指令、工艺基础知识、待加工零件图样分析以及加工刀具选择等的综合应用过程,数控编程的最终目的是加工出满足要求的零件特征,而不仅仅是写出符合格式要求的数控加工指令代码。

7.2　壳体成型模具数控加工编程技巧

模具是一种有一定形状与尺寸的型腔工具,与模具内各种系统或辅助机构配合使用,将各种高温液态或柔性材料,在重力或者压力的作用下填充至模具型腔内,生产出模具形状零件。在现代工业制品中,大量的零件都需要依靠模具来成型,在航空发动机制造过程中更是如此,尤其是航空发动机控制系统零部件,它具有结构复杂、薄壁等特点,内腔使用冷加工方法很难成型,而使用模具成型则能解决这些问题。

航空发动机控制器壳体成型金属模多为重力铸造模具,也有少部分的锻造模具。这些重力铸造模具的结构比较接近,以底模加左右半模结构为典型结构,个别模具会因为壳体外型面的形状特殊性而增加活块结构。底模、左右半模以及活块上都设计有模定位结构,对这类特征的加工,工艺上主要采用配做方式,目的在于确保和模后浇铸出的壳体型面的连续性和准确性。而底模、左右半模、活块等各模块上其他型面则分别加工成型。

为保证各模块的型面和定位结构相互位置的加工准确性,在加工工艺安排上,应做到在加工中心设备上一次装夹加工保证,充分利用加工中心设备的定位精度和重复定位精度保证加工位置的准确性。同时,在加工安排上还应尽量减少钳工修模工作量,避免钳工的修挫造成型面连接处出现错型现象。因此,我们的壳体金属模具在加工中心上的加工成型质量至关重要,它将直接影响壳体毛坯的最终成型质量。

由于航空发动机控制器壳体金属模具各模块型腔结构复杂,各型腔相互位置精度要求高,制造难度很大。即使拥有现代化的加工中心设备,但如果对复杂壳体模具数控加工工艺技术及三维数控编程技术掌握不够好,不能充分发挥这些加工中心设备在复杂壳体模具型面上的加工优势,仍然不可能获得满意的成型加工效果。工厂就曾经由于无法完成壳体金属模具型面的自主加工制造工作,而长时间依靠外购获得我们所需要的金属模具。因此,为充分发挥数控设备的加工优势,满足复杂型面壳体金属模具的成型需求,有必要从掌握计算机辅助制造软件应用技术着手,努力研究模具复杂型面的数控加工工艺及编程技术,获得适用工艺方案和技巧。

7.2.1　复杂型面数控加工工艺流程

随着 CAD、CAM 等技术的不断发展和日趋完善,它们在各个领域得到了极其广泛的应用。数控加工自动编程功能已作为一个模块集成于各个 CAD/CAM 软件中,其中 CAD 功能采用基于特征的实体造型,往往具有尺寸驱动编辑功能和统一的数据库,可以实现 CAD、CAM 之间的无数据交换的自由切换,基于参数化特征实体及高级曲面造型,模块齐全、功能强大,目前已广泛应用于航空、航天、汽车、通用机械等领域。CAM 模块具有很强的数控加工处理能力,它给应用工程师们提供了一种交互式的编程工具,可以计算生成精确可靠的刀具加工轨迹,是一个功能强大的计算机辅助制造模块。一个交互式 CAD/CAM 系统中,CAD 功能实现了目前制造行业中常规的工程技术、设计和绘画功能的自动化;CAM 功能则为使用 CAD 设计模型描绘完成部分的现代机器工具提供 NC 编程技术。利用 CAD/CAM 软件的混合式绘图结构,用户能够方便地绘制出复杂的实体以及造型特征。设计完成之后,运行 Manufacturing(制造)程序,输入制造信息(工序及工步规划内容),就可以自动生成刀具位置源文件(CLSF),该文件可用来驱动大多数 NC 机器,进而加工出我们所需要的复杂型面壳体金属模具。

CAD/CAM 在航空发动机控制器壳体模具加工过程中的应用工艺流程图如图 7-6 所示。

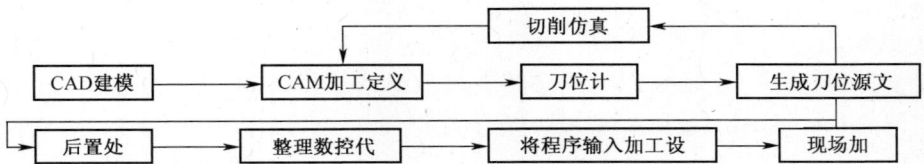

图 7-6　CAD/CAM 应用工艺流程图

下面结合航空发动机控制器壳体金属模具加工应用实例,对此应用流程中的每一工艺步骤作详细阐述。

7.2.2　数据模型的建立

任何一个数控加工编程软件都是以 CAD 阶段所获得的产品三维实体模型作为相关计算的数据来源。模型是基础,它的正确可靠性直接影响刀轨数据的正确可靠性。通常各软件的 CAD 数据模型可以通过两种途径获得:一是用软件自身的 CAD 系统直接构造;二是通过软件的专用数据接口(如 IGES、STEP、parasolid 等),将其他 CAD 系统构造的数据模型进行转换,再对转入模型的歧异部分进行处理,使之符合软件系统的计算要求。

在建立航空液压附件复杂壳体金属模具三维模型之前,我们应首先对模具各特征的建立顺序及建立方法作周全考虑,先做什么,后做什么,用什么方法做,使用哪一种造型功能,这些对后续的 CAD 及 CAE、CAM 工作都将产生极其重要的影响。

以 UG 软件建模模块为例,在 CAD 建模方面,UG 软件具有线架造型、实体造型、曲面造型三大功能,它能够运用于各种复杂模具的设计。其线架造型功能提供了绘制基本图素点、直线、圆弧的操作指令;实体造型功能提供了各种基本几何元素块体、圆柱体、锥体、球体和环体的操作及布尔运算,以及拉伸成形、扫描成形、缝合、孔、槽、凸台、挖空、圆角、倒角、拔锥等操作;曲面造型功能可以完成各种规则曲面、二次曲面、高次曲面及不规则曲面的生成,在曲面的具体实现上有直纹面、扫描曲面、边界曲线控制、网格曲线控制、矩形点组控制、点云控制、极点控制、曲线拉伸、过渡曲面、延伸曲面、偏置曲面、曲面倒圆、曲面桥接等多种方法。

　　UG 的上述这三大建模功能之间又可以通过一定的操作互相转换,如线架造型通过拉伸、扫描等操作可以得到实体造型,通过边界曲线控制、扫描等操作可以得到曲面造型;曲面造型通过缝合、增加厚度等操作可以得到实体造型,通过抽取棱边等操作可以得到线架造型;实体造型通过抽取棱边、抽取面的操作又可以得到相应的线架造型及曲面造型。我们可在实际应用过程中,根据产品具体情况灵活掌握。

　　图 7-7 是所建航空发动机控制器某壳体金属模具中的一个模块(底模)。该模块按已有模具设计图构建,建模思路是:先按模块外形尺寸构建长方体,再逐个以布尔求差方式减去各特征模型,在此基础上,还需要对各特征之间的连接与过渡做细致、有效的处理,这一处理过程需要综合考虑模块的加工工艺性、外观效果、毛坯成型质量以及模块的使用寿命等要求。综合考虑下来,各特征之间必须以圆弧面过渡,内圆弧半径应尽量大于切削刀具最小半径。对特征间进行圆弧过渡连接时,最简单、实用的方法是直接沿相交棱边做倒圆角处理,但由于各特征之间连接关系千差万别,基于结构尺寸关系,有些倒圆角运算会无法正常进行,此时,我们采用了曲面造型功能来完成这些工作。本例模块采用了三种不同的做法:一种是通过抽取无法倒圆角的棱边作为驱动轴线作扫描曲面;另一种是截取无法倒圆角部位关键点横截面,再通过横截面作直纹面、延伸曲面或偏置曲面,获得需要的圆弧面;第三种是先抽取需圆弧连接的曲面,再作曲面倒圆、曲面桥接等获得连接曲面。总之,我们最终获得的模块数据模型一定要是特征数据完整、特征之间光滑过渡连接。

　　图 7-7 模块所用的建模方式是现有技术资料条件下的产物,即模具各模块设计图自成一体。该 CAD 模型完全是为 CAM 编程需要而建。实际应用过程中,我们的壳体型面相关尺寸图往往集中标注在壳体毛坯图中,壳体模具图中只标注各模块连接结构尺寸,而不标注型腔结构尺寸。这种情况下,我们需要先建立壳体毛坯的数据模型。当然,在进行壳体模具设计过程中,也应该先作出壳体毛坯的三维数据模型。

　　图 7-8 是用特征造型方式构建的一个壳体三维实体模型。该模型建立思

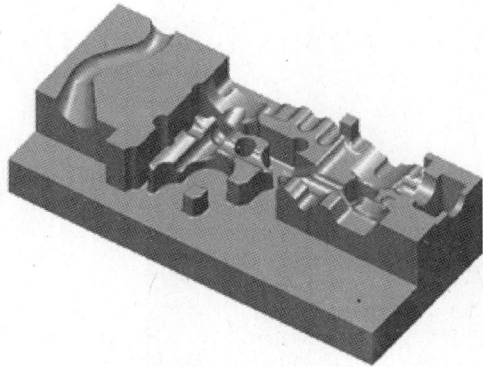

图 7-7　模具单一模块三维模型

路是：先按零件设计图逐个建立特征模型，再以布尔求和方式将各特征模型合为一体。建模过程中，我们除了要进行细致的倒圆弧工作外，还要进行有效的实体特征间空缺填充工作，确保建立的模型是完整的三维实体模型。

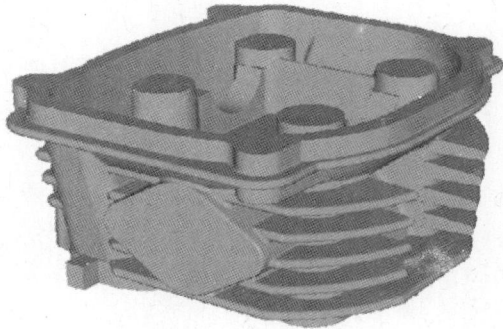

图 7-8　壳体毛坯三维模型

　　图 7-9 是将图 7-7 和图 7-8 所用作图方法综合使用，生成的航空液压附件壳体毛坯及模具三维模型。具体做法是：先用特征造型及布尔求和方式按毛坯设计图作出壳体毛坯三维模型，再通过布尔求差运算获得该毛坯型腔模型，之后，按照壳体模具设计图的分模方式将该型腔模型切为三块，就可以得到我们所需要的该壳体金属模具的左半模、右半模以及底模型腔模型，加入浇道、冒口等模具结构其他特征后，就得到了我们需要的三模块实体模型，如图 7-9 所示。

　　总结下来，在复杂型面壳体金属模具的实体建模过程中，必须注意掌握以下几个方面技术要点。

　　1. 坐标系的建立

　　任何实体模型的建立都是以工作坐标系为基础，在整个建模过程中，必须

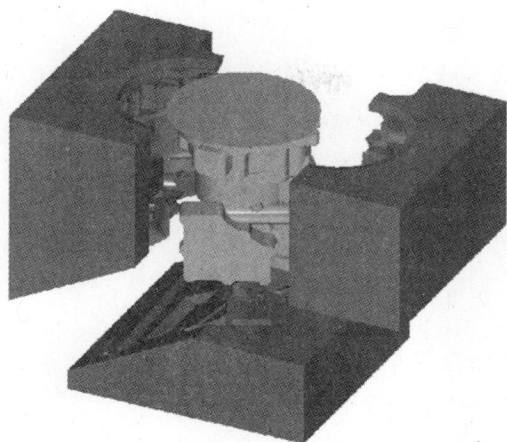

图 7-9　壳体毛坯及其模具三维模型

遵循右手笛卡儿坐标系,即务必保持各实体特征之间的正确坐标关系,必要时应保存建模过程中通过坐标变换获得的各子坐标系,以便于过程查询和建模过程中的其他坐标变换。

2. 工作图层管理

由于复杂型面壳体金属模具结构复杂,特征尺寸多,为便于修改和校对查询等工作,我们在建模过程中必须做到清楚标识每一个特征尺寸,这就需要我们规范用好图层管理功能。

工作图层的建立和定义是系统文件管理的一个重要组成部分。进行特征建模过程中,要想做到保持所建各特征几何参数可随时查询及修改这一要求,我们可通过对建模过程工作图层的合理有效定义和标识来实现。具体做法是,将各特征实体按一定的规矩分类归纳,例如,按视图方向分类、按特征类型分类、按装配关系分类等。再依此划分图层区域来分门别类地放置这些特征参数,加上清晰合理的图层命名,就可以达到合理有效图层管理的目的,让我们可以对特征参数进行随时查询和修改。

3. 临界关系的处理

因为航空发动机控制器壳体整体结构特别紧凑,各特征型面尺寸在理论数据上往往存在相切关系,所以,在 CAD 造型过程中出现很多临界关系型面,这种临界关系型面的存在会导致布尔运算无法正常进行。因此,在建立壳体毛坯或模具数学模型时必须对这种关系进行恰当处理。这一处理过程是我们在建模过程中最容易忽视但也是最重要的步骤之一。具体处理方法是,将壳体毛坯允许公差合理融入毛坯或模具的数学模型中,对局部尺寸进行公差范围内的工艺调整,这样就可以解决临界关系型面的问题,使各特征单元顺利通过布尔运

103

算合并为一整体。

4. 缝隙的处理

特征建模的一个最大特点就是可以将壳体毛坯或模具按其特征组成逐个建立各实体模型,然后再通过布尔运算将它们组合成为一个完整的产品数字模型。采用这种方式建立的数字模型内部必然存有中空,那么,应该如何处理这些中空部位呢。作者根据自己对壳体毛坯或模具模块的建模应用心得,在这里推荐两个方案:一是预先做一个实体块,保证该实体块既不超出零件最终外形面,又能填补零件各特征实体之间的所有空隙;另一个方案是,将零件各特征实体进行布尔运算合成为一整体后,抽取其中中空部位边界线,通过缝合后获得中空部位实体模型,再作布尔运算将其加入零件特征数据模型,这样就可以获得一个完整的零件实体模型。

5. 倒圆的处理

不论是从使用要求还是美观要求上讲,任何产品一般都有尖边倒圆要求,航空发动机控制器壳体也不例外。因此,建模过程中对各特征模型相交处的倒圆工作必不可少。UG 软件内部的倒圆计算方法是,用一个同等半径的球沿需倒圆边滚动,如果空间不足以使球顺利通过,则倒圆操作将无法执行,倒圆失败。遇到这种情况,我们可以通过减小倒圆半径解决,也可通过另作圆弧曲面的方式解决,后一种方法虽然做起来较为复杂,但实际使用效果更好。

当然,在实际建模过程中,还有很多技术要点需要我们熟练掌握应用,应根据具体情况因人而异,灵活掌握。

7.2.3 数控加工工艺方案规划

CAM 充分利用 CAD 阶段获得的三维数据模型,以交互方式生成数控机床的刀具加工轨迹,进而获得数控机床的加工指令。CAM 自动编程功能在航空发动机控制器壳体金属模具的数控加工工序中应用成效显著。具体操作过程中,需要遵照工艺路线设计原则把壳体模具的加工工艺思路清楚地表达成编程语言,明确的定义好加工工步顺序、各工步选用的刀具几何尺寸、加工走刀路线、材料去除量、主轴转向转速以及刀具进给速度等。当我们完成所有这些工艺参数的定义工作后,大量复杂的运算将全部由计算机准确可靠地完成,编程效率、计算数据的准确可靠性以及壳体模具型面的加工质量等都大为提高。由于 CAM 自动编程利用计算机技术解决了繁杂的数据计算问题,因此可以实现模具加工工序内容的高度集中,这样不仅可以提高加工效率和加工质量,同时还减少了零件加工过程中的尺寸积累误差和留给钳工的修挫工作量,进而减少了操作工人重复装卸笨重模块的工作量。另外,解决繁杂的数据计算问题后,还可让工艺人员把精力集中在模具加工的工艺安排上,这样有利于提高工艺规划质量。

　　进行复杂型面金属模具数控加工工艺规划过程中,我们需要定义好加工坐标系、加工范围、加工刀具、走刀路径等工艺参数。下面以图 7-7 所示航空发动机控制器壳体金属模具底模的数控加工 CAM 工艺规划方案为主要加工实例,对这些工艺参数的定义思路及过程进行详细分析介绍。

　　1. 建立壳体金属模加工坐标系

　　实体模型的建立是以工作坐标系为基础,而数控加工刀位源文件的生成则是以加工坐标系为基础。

　　遵照加工坐标系设计原则,加工坐标系的坐标原点位置应便于加工者快速准确对刀,同时方便加工过程中需要进行的尺寸计算。确定加工坐标轴方向时应考虑被加工产品在数控机床上的装夹摆放情况。

　　以图 7-7 所示航空发动机控制器壳体金属模具底模加工为例,加工工艺装夹方式应该是:模块底面朝下,平放于工作台上,压板压在模块不需加工的上平面,这样可一次装夹加工模块上所有型面。因此,加工坐标轴的方向应该定义为:Z 轴正方向为垂直于模块底平面并朝向模块型面方向;由于机床 X 轴方向行程大于 Y 轴方向行程,故 X 坐标轴方向定义为模块长边方向;为便于加工者随时观察模块加工情况,Y 轴正方向宜选定为模块型面由低向高方向。坐标原点选定在易于找正对刀的模块左上角处。底模加工坐标系示意图如图 7-10 所示。

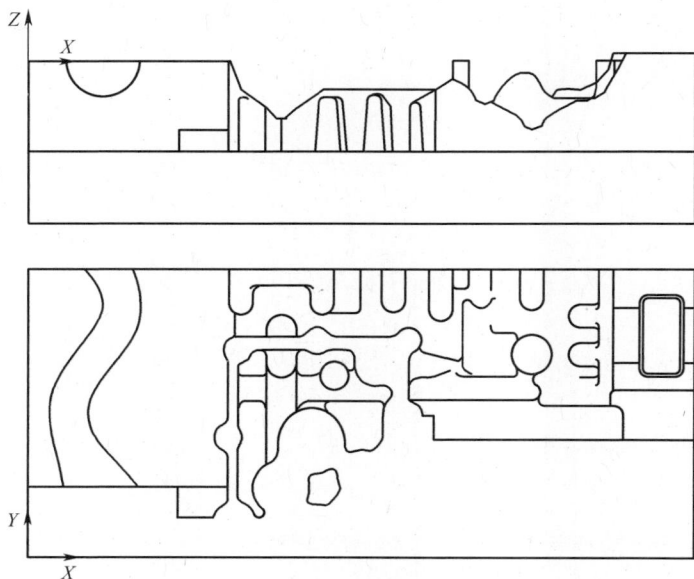

图 7-10　底模加工坐标系示意图

2. 划分壳体金属模加工范围

该底模的总体加工范围当然是包括壳体型腔及模具结构特征在内的所有特征结构部位，但是针对不同的工步加工要求，不同的加工刀具，需要定义不同的加工工艺规划范围。如果不按该模块的结构特点细划加工范围，而是笼统划一个包含所有加工特征在内的加工范围，则需要进行的加工工步划分工作会很少，数控加工编程工作量也会很小，并且加工出来的模块型面接刀情况少，型面的加工连续性也好，但存在加工针对性不强，加工效率不高的问题；如果我们按模块的结构特点细致规划出各个不同的加工范围，则需要进行的加工工步规划必须针对不同的加工范围逐项进行。即范围划分越仔细，意味着加工工步越多，编程工作量就越大，但按工艺规划所编制出来的数控加工程序实际加工效率会很高，加工效果会很好。

以图7-7所示航空液压附件壳体金属模具的底模加工为例，如果将加工范围定义为模块外边框以内整个区域，即图7-11示范围1(实线区)，编程时我们只需安排一道精加工工步，做一次加工计算就可获得全部精加工刀轨数据。但这种加工程序用一把刀具将型面和模块结合面同时加工出来，不针对各部位加工特点和切削余量进行分类分别加工，存在加工效率低下，加工实用性差的问题。如果我们遵照加工区域设计原则将其加工范围分别定义为2、3、4、5(图7-11)，工艺上就需要分别规划这4个加工范围内型面的切削加工内容，以此为依据进行数控加工编程计算时至少需要安排四道精加工工步，才可以获得全部精加工刀轨数据。但这样编出的加工程序加工针对性强，加工效率高，加工实用性好。

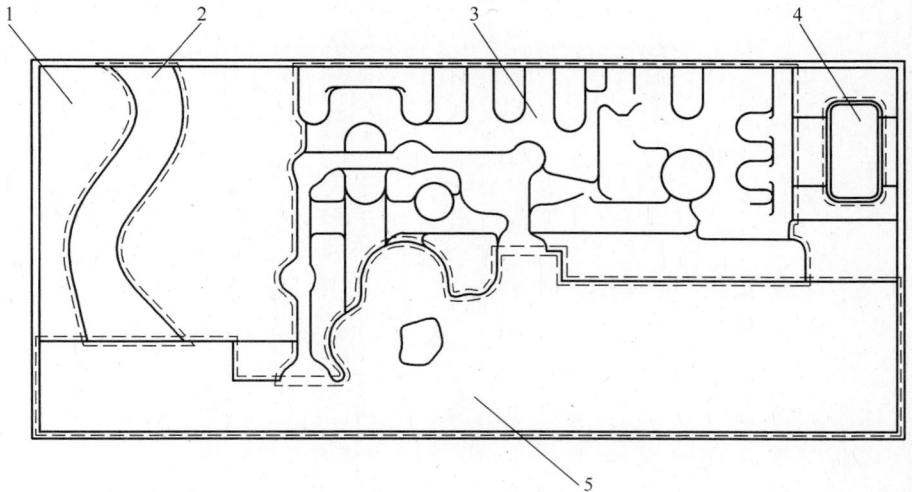

图 7-11　加工范围划分图

3. 定义壳体金属模加工刀具

由于航空液压附件壳体金属模具以型腔结构为主,需要大余量切除各模块中的多余材料,故在规划加工工艺方案时,需要分别安排粗加工、半精加工以及精加工工步。粗加工及半精加工工步应快速、高效地去除模块上多余材料,为精加工工步保留少量、均匀加工余量,目的在于提高模具的数控加工效率。精加工工步则规则去除粗加工及半精加工工步保留的多余材料,使模具型面精确成型,目的在于保证模具尺寸加工精度和加工表面质量。

遵照加工刀具选用原则,粗加工工步宜选用大尺寸粗加工立铣刀,半精加工及精加工刀具则需要根据加工型面结构特点,分别选用不同尺寸的牛鼻刀、球头刀或其他特殊结构刀具。

在进行图7-11所示航空液压附件壳体金属模具底模加工工艺分析过程中,我们认为,该壳体外形尺寸较大,造成模具型腔各特征尺寸均较大,需去除模块多余材料量很大。因此,可以选用较大尺寸刀具进行模块的粗加工、半精加工及精加工工作。对模具型腔各特征几何数据进行归纳分析得到,该模具型腔曲面结构以凹弧面为主,因此,精加工刀具几何形状应选为球头刀,只有这样的刀具才能完成对凹弧面的精确成型加工。另外,该模具型腔内轮廓面最小曲率半径 $\rho = 6\text{mm}$,根据精加工切削刀具的一般选用原则,刀具半径可选定为 $r = (0.8 \sim 0.9) \times 6 \approx 5\text{mm}$,因此,可选定该模具精加工切削刀具为 $SR5$ 球头刀。

该模具的半精加工过程应为精加工保留少量、均匀的加工余量,刀具几何形状与尺寸应与精加工刀具一样,选为 $SR5$ 球头铣刀,加工余量设定为 0.3mm。

粗加工刀具的选用原则是较高的加工效率和较多的材料去除量。为满足高效加工要求,我们需要首先选用 $\phi20$ 波纹立铣刀进行初步的材料去除工作,然后再进行进一步的去余量切削。我们知道,粗加工后,模具型面上留有加工余量最大点处,应是该模具型腔内轮廓面最小曲率半径处。通过对该处特征的加工计算分析,我们得到:可选用中国航发红林现有最大球头铣刀 $SR7$ 球头刀分两层进行粗加工铣削,所留半精加工余量需 $SR5$ 球头铣刀分三层进行铣削。具体分析计算过程如下(图7-12):

(1)根据设定的精加工余量得留余后的内轮廓曲面,即图示虚线轮廓。

(2)通过几何作图得到 $SR7$ 球头铣刀所能加工到的极限位置。

(3)通过图形测量得到 $SR7$ 球头刀所需加工材料的最大加工高度 2.94mm。为保证该刀具在切削加工时的足够刚度,其单层加工高度应为 $H \leq (1/4) \times 7 = 1.75\text{mm}$。故 $SR7$ 粗加工球头铣刀分两层进行去余量铣削:第一层铣削量高度 $H = 1.5\text{mm}$,第二层铣削量高度 $H = 1.44\text{mm}$。

(4)通过图形测量得到 $SR7$ 粗加工球头刀留给 $SR5$ 半精加工球头刀的最大材料加工高度是 2.76mm,为保证 $SR5$ 球头刀在切削加工时的足够刚度,其单

层加工高度应为 $H \leqslant (1/4) \times 5 = 1.25\text{mm}$。故 $SR5$ 半精加工球头铣刀需分三层进行铣削加工：第一层铣削量高度 $H = 1\text{mm}$，第二层铣削量高度 $H = 1\text{mm}$，第三层铣削量高度 $H = 0.76\text{mm}$。

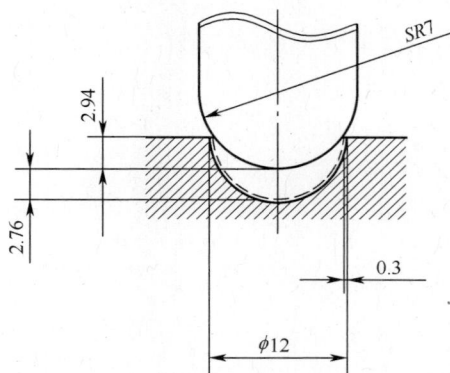

图 7-12　材料去除量分析图

4. 规划壳体金属模走刀路径

以本例航空发动机控制器壳体金属模具底模（图 7-11 所示模块）的走刀路径规划为例，具体阐述走刀路径设计原则。

区域 3（底模型腔面）型面结构不具备一定的规律性，因此，其加工刀路可选择为平行于 Y 轴的简单刀路，如图 7-13 所示。

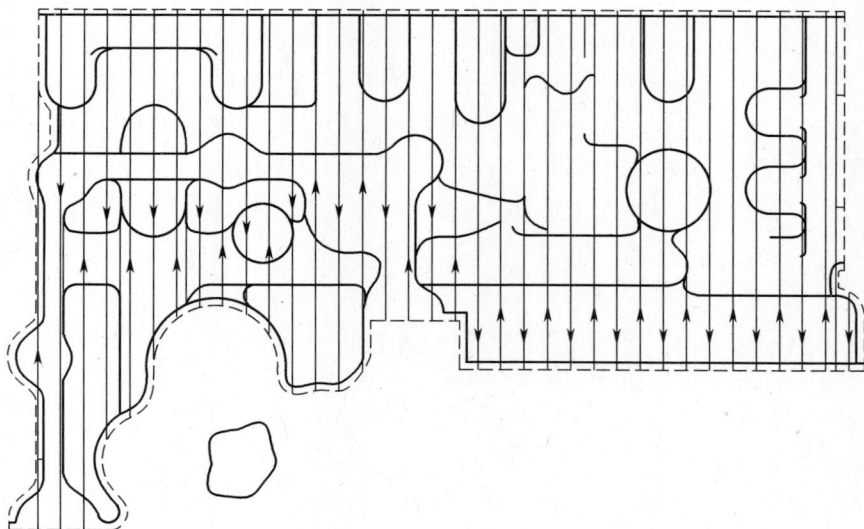

图 7-13　型面加工刀路图

区域 2（浇道）型面的结构特点是：平行于 X 轴方向横截面为近似圆弧形。

因此,选择浇道加工刀路时,为保证刀具连续切削,在加工过程中不必提刀转移,刀路方向可选定为平行于 X 轴的简单刀路,这样有助于保证型面成型质量,并且加工出来的刀纹方向,也有利于将来的修模工作。其加工刀路轨迹如图 7-14 所示。如果按图 7-15 所示,将其刀轨选择为平行于 Y 轴的简单刀路,则加工过程中会出现提刀转移的不连贯切削现象,降低型面的加工效率,并且,其刀纹方向也不利于未来的修模工作,难以保证型面加工质量。

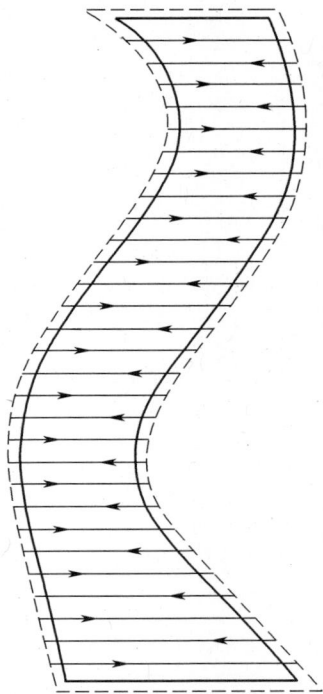

图 7-14　浇道正确的加工刀路图　　　　　图 7-15　浇道不恰当的加工刀路图

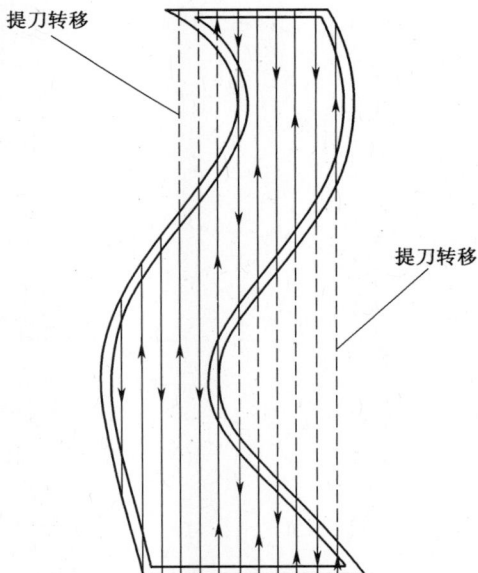

对于区域 4(活块腔)的加工刀路,由于它是型腔结构,规划加工路径时重点需要保证其侧壁的成型效果,同时还应该考虑到切削刀具的具体切削状况,因此,宜采用由上向下逐层绕行切削的环切加工轨迹,如图 7-16 所示。此时如果采用平行 X 轴或 Y 轴的简单行切刀路加工,则刀具需忽上忽下切削加工,切削环境频繁变化,既不利于刀具使用寿命,活块腔的加工质量也很难得到保证,如图 7-17 所示。

区域 5(分模面)的加工属于平面轮廓铣削,其加工刀路应该选定为由内向外的平面绕行铣削,由最后一刀沿轮廓铣削保证其侧壁的成型质量。如图 7-18 所示,其中箭头所示为最后一刀精加工刀具轨迹。

109

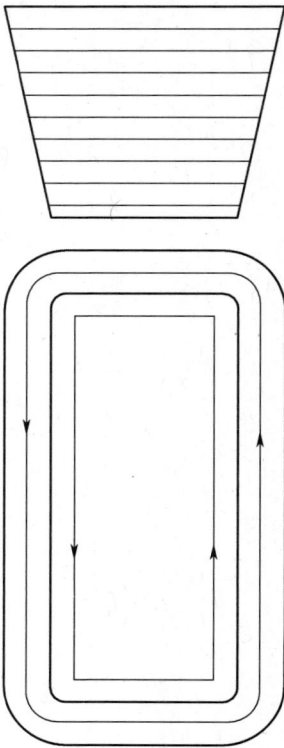

图 7-16　活块腔正确的加工刀路图　　　　图 7-17　活块腔不恰当的加工刀路图

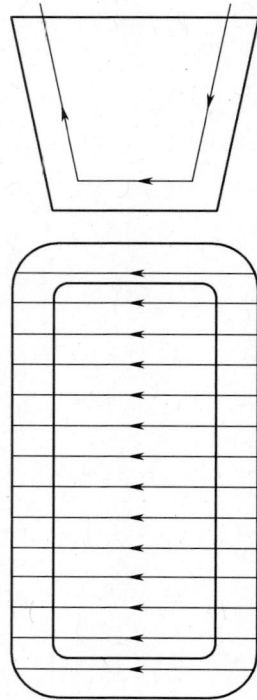

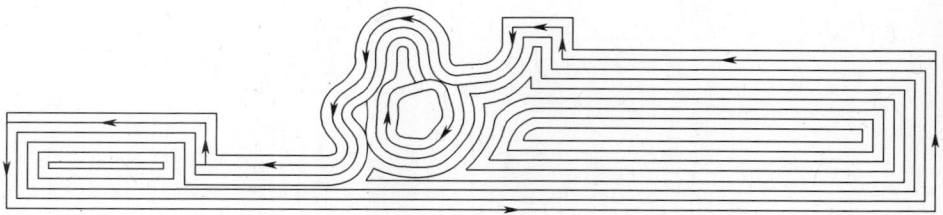

图 7-18　分模面加工刀路图

　　当然,在实际定义加工刀路时,我们需要根据零件型面轮廓结构以及实际使用情况的不同,有区别地选择各种形式,各种方向的加工刀路,而不一定都是选择简单刀路或平行刀路。以加工航空发动机控制器壳体金属锻造模具下半模(图 7-19 所示锻模模块)为例,由于该模块型面为圆周成型状,如简单选择平行刀路加工,则型面在圆周各方向的刀纹留痕和成型质量都不一致,并且无法做到协调统一。因此,为保证出模毛坯型面质量在各个方向上的连续性及一致性。其精加工刀路应该选用放射线刀路,如图 7-20 所示。放射中心就选择在型面中心点上,这一刀路加工方式属于三轴联动插补,但由于其各轴位置增益差别不大,故加工轮廓误差也很小,这一轮廓误差对于锻模型面加工来说,可以忽略不计。

图 7-19　锻模模块三维模型

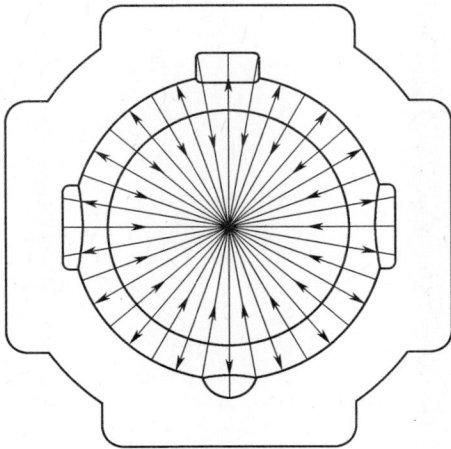

图 7-20　放射线刀路图

走刀路径定义好之后,我们只要按粗、精加工要求,逐项确定必要的加工参数,如走刀跨距、加工余量、分层铣量等,就可让系统自动进行计算和处理,生成刀具轨迹数据文件。在此基础上,进行后置处理,生成数控加工程序。

7.3 壳体复杂型面数控加工编程技巧

7.3.1 航空发动机控制器壳体外型面加工背景

由于现代制造业快节奏的生产特点,有时,基于缩短产品制造周期的要求,我们没有时间按部就班地从模具设计开始,进行复杂壳体的模具设计、制造、试模、试加工、修模、重新试模等这样一系列的模具试制、定型工作。再者,一套复杂壳体模具的生产制造成本也相当高,而在产品设计完全定型之前,壳体结构的反复修改也是在所难免的,因此,从产品研制初期控制研制经费的角度考虑,我们往往也不具备制造壳体模具的现实条件。所有这些,使得我们在某些产品研制的机加过程中,不能获得壳体毛坯。也就是说,在这些壳体的首次机加工序安排中,不仅仅需要有加工壳体内部孔系结构的工艺安排,还需要有加工那些以前由模具成型的壳体毛坯外型面的工艺要求。而这些复杂壳体外型面往往都是以复杂的三维型面为结构主体,整体结构错综复杂,仅二维制图表达就很困难,实际加工成型难度很大。

由于没有提供壳体毛坯,在工艺上,往往是下长方体料。要最终获得壳体外型面,就需要大面积去除长方体毛料上的多余材料,这势必造成材料内部的应力释放,从而导致壳体变形。这种变形是壳体孔系结构所不能允许的。因此,在工艺上,应先安排铣壳体外型面工序。当然,同时也可做一些大尺寸孔的粗加工,经热处理去应力后,再安排壳体孔系结构的加工工序。

对于那些外型结构复杂的壳体,想要以机械加工的方式直接成型其外型型面难度还是很大的。首先,由于外型成型过程中,材料去除量很大,因此,在外型成型过程中,存在很大的切削变形问题。其次,壳体外型面的成型,不像模具加工那样可以只安排一道工序一次装夹成型,它需要多次装夹,从多个方向分别成型。这就需要很好控制接刀问题,尽量控制不出现错型缺陷。另外,还要控制好各方向的加工范围,尽量以最短刀具长度进行铣削,才能获得最佳的铣削效果和加工效率。再次,紧凑的外型结构会造成壳体局部位置容刀空间很小,难以加工成型,编制数控加工程序时必须单独进行特殊处理,这又是一个极大的技术难点。

通过近几年对航空发动机控制器壳体外型面的实际加工摸索,针对复杂壳体外型面制造过程中普遍存在的技术难点,进行了大量的深入研究和细致分析工作,并总结出一套适用于各类复杂型面的数控加工优化编程方法,下面就结合加工实例对此作一介绍。

7.3.2　航空发动机控制器壳体数学模型的建立

某壳体外型的数学模型是按照以下方法建立的：首先，根据产品理论数据按照 point（点）→curve（线）→sheet body/face（面）→solid body（体）的建模顺序生成壳体各特征单元，接着，便可按照实体布尔求和原则经过布尔运算获得壳体完整数学模型。在建立壳体各特征模型时，合理坐标系的建立是至关重要的，它是建立该壳体数学模型的基础。合理选择工作坐标系 WCS 可以简化建模过程，减少计算工作量，增加模型的准确度与可靠度。本例数学模型以该产品的尺寸标注基准为绝对坐标系的建立基准，在此基础上根据各特征的相互尺寸关系派生出各相应工作坐标系，这一系列工作坐标系的建立为本次的建模工作带来了极大的方便。在建模过程中，由于该壳体结构紧凑，不少型面在理论上是相切关系，因此用到了临界关系面的处理方法。前面已有详细介绍，这里不做具体说明。图 7-21 即是应用 CAD/CAM 软件所建该壳体外型的三维实体数据模型。

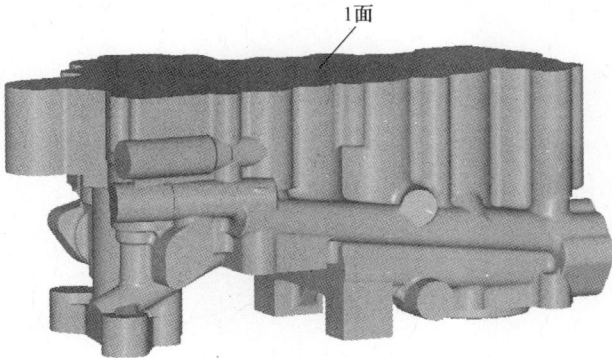

图 7-21　壳体外型三维实体数据模型

7.3.3　航空发动机控制器壳体外型加工工艺路线的确定

从获得的数学模型图 7-21 可以看到，1 面完全是一个平面，可用作定位面。而其余各个方向的型面均有较大凹凸起伏，应安排粗加工工序先去除余量，经热处理去应力后再安排精加工工序将其型面精确加工成型。因此，考虑在 1 面上加工两个工艺孔作为定位孔，采用两孔一面的定位方式只用一套组合夹具分工序将该壳体外轮廓加工成型。组合夹具简图如图 7-22 所示。

由于该壳体外型面的成型加工，实际上是由于缺乏做浇铸毛坯而进行的。我们对其外型面的成型质量要求应与浇铸毛坯的型面质量要求一致。因此，外型面的加工尺寸精度及表面粗糙度要求要比正常机械加工零件的要求低很多，

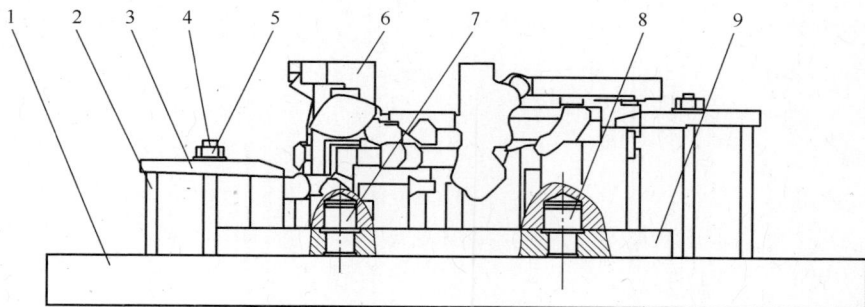

图 7-22　组合夹具简图

1—底板;2—支撑杆;3—压板;4—压紧螺杆;5—螺母;

6—壳体;7—定位销;8—定向销;9—定位板。

加工尺寸精度要求为±0.5mm,表面为铸件粗糙度要求。故定位、定向销与定位、定向孔的配合精度也相对可以选得低一些,定位误差控制在 0.14mm 以内就可以满足加工要求。实际生产过程中,我们设定的主定位销与定位孔配合间隙为 0.02~0.04mm,定向销与定向孔配合间隙为 0.03~0.05mm。

　　加工思路及定位装夹方式选定好后,就可以着手安排各工序和工步的加工内容。为了充分发挥加工中心的加工优势,最大限度地提高加工中心设备的利用率,提高产品的加工效率,我们考虑采用工序高度集中方式进行壳体外型面的铣削成型加工。

　　由图 7-21 及图 7-23 可见,刀具必须从 A、B、C、D、E、F 六个方向分别进刀,才能完整成型该壳体外型面。考虑到 D、F 方向型面结构起伏不大,粗加工时可由 A 方向和 C 方向接刀完成去余量铣削。

　　由于定位面选定在 1 面,因此,1 面应作为第一道工序加工面。当然,这道工序还应同时加工出两个定位孔,并沿 1 面周边进行去余量铣削。之后,便可用图 7-22 所示组合夹具,从图 7-23 所示 B、C、E 三个方向分别进行去余量粗铣,大量去除毛坯多余材料。这一过程既应满足半精加工余量要求,切削变形量的要求,还应兼顾高效率的加工速度。

　　热处理后的精加工工序必须做到精确成型壳体外型面。因此,在工艺上必须安排六道工序,分别从 A、B、C、D、E、F 六个方向进刀(图 7-23)铣削。同时,每道精加工工序中,还应分别安排半精加工工步和精加工工步,这样才能保证壳体的表面加工质量以及加工效率要求。

7.3.4　壳体加工坐标系的确定

　　加工坐标系是生成刀位源文件的基础核心。为便于加工者准确、快速找正

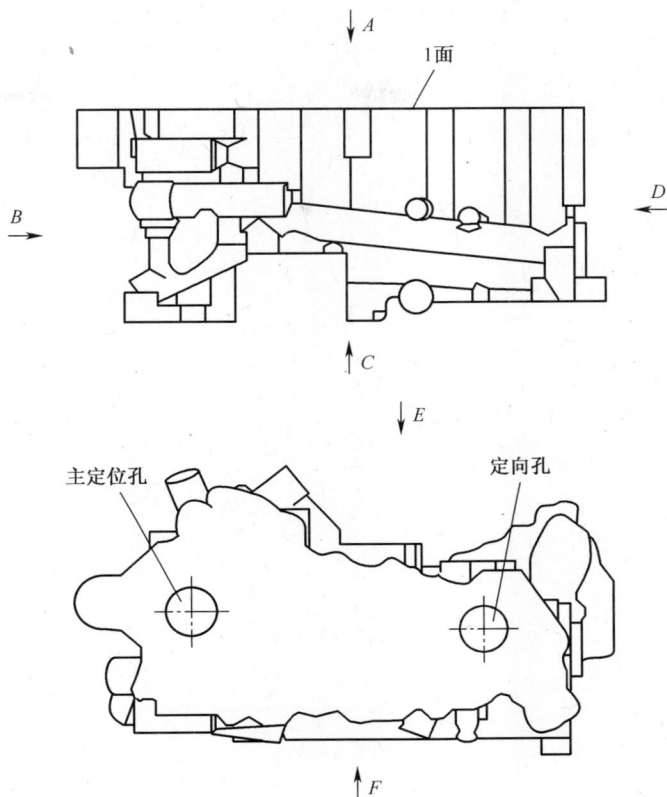

图 7-23　壳体外型图

加工产品,将坐标原点设定在用于主定位的圆柱销孔中心(与建模过程中设定的绝对坐标原点重合),加工坐标轴的方向则分别根据拟定好的加工工艺路线定为相互成 90°的六组坐标轴方向,图 7-24 显示了其中一组坐标系。

7.3.5　壳体加工路径的规划

　　壳体外型面的加工路径规划方式与模具型面的加工路径规划方式基本上是一致的,区别在于具体细节的处理上。模具型面的数控加工只需要考虑一道数控加工工序中的加工范围划分问题,而壳体外型面的数控加工则需要仔细规划多道数控加工工序的加工范围以及每一道工序内部的不同切削范围。在规划本例壳体外型面四道粗加工工序刀具加工路径时,我们利用了零件几何体(壳体三维实体模型,图 7-25 示实线部分)和毛坯几何体(自行定义的毛坯模型,图 7-25 示虚线部分)组合方式来确定加工范围,如图 7-25 所示。这样定义与实际加工情况一致,软件自动锁定的加工范围当然也比较合理。加工刀具应定义为大直径的粗铣刀具,如 φ20 波纹铣刀。由于是去余量粗加工,故走刀路

115

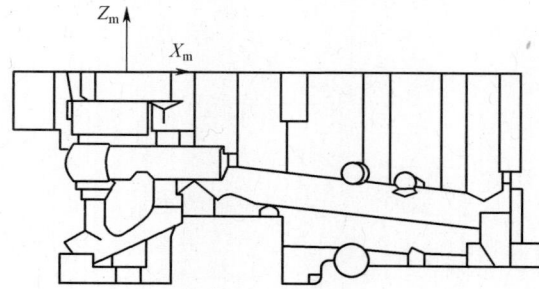

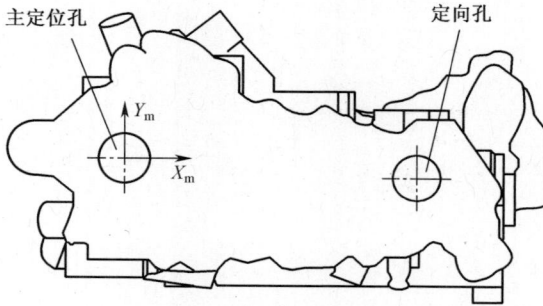

图 7-24　壳体外型面加工坐标系

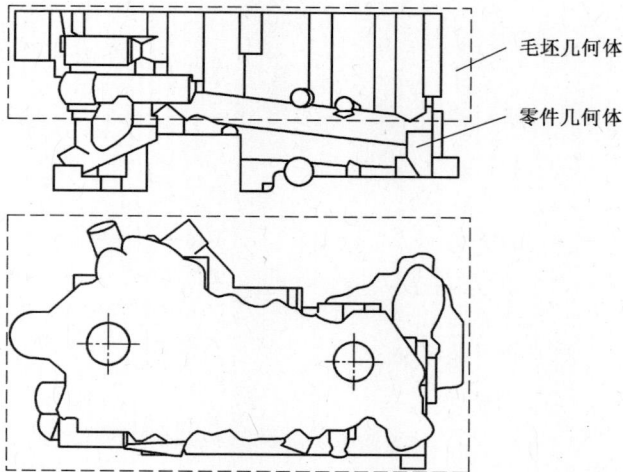

图 7-25　加工范围定义

径应选择为由外向内的逐层平面绕行的环切方式,这样可以有效减少加工过程中的提刀转移次数,从而提高加工效率。为避免下刀时发生碰撞现象,下刀方式需定义为"之"字形斜插下刀。

这里要特别注意对四个毛坯几何体的尺寸定义,它们的尺寸直接影响四道工序的实际加工范围,这一定义既要保证四道工序在深度方向上切削量的基本平衡一致,又要兼顾更多、更容易的去除毛坯多余材料,同时还应避免出现空走刀现象,减少走刀浪费,提高加工效率。四个毛坯几何体组合在一起应该可以得到整个毛料几何尺寸。图 7-26 即为该壳体外型面粗加工后的仿真效果图。

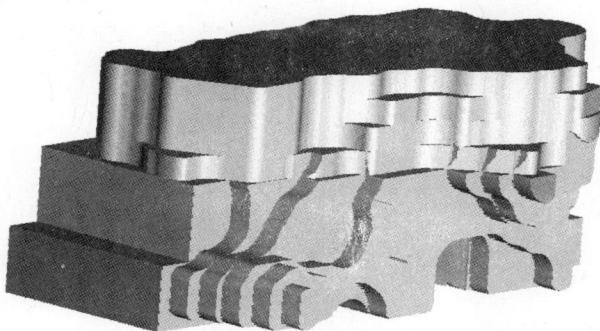

图 7-26　壳体外型面粗加工后仿真效果图

进行半精加工及精加工刀具路径定义时,要特别注意驱动几何体(即加工范围)的设定细节。因为它直接决定各工步的具体加工内容及加工难易程度。以图 7-27 所示方向型面加工为例(由图 7-28 可以更加清楚地观察到该面的实际结构状况),在规划此面加工刀具路径时,我们将该面分成了两个加工范围进行加工处理,一为区域 1(虚线边框内区域),另一加工范围是区域 2(实线边界范围内区域)。

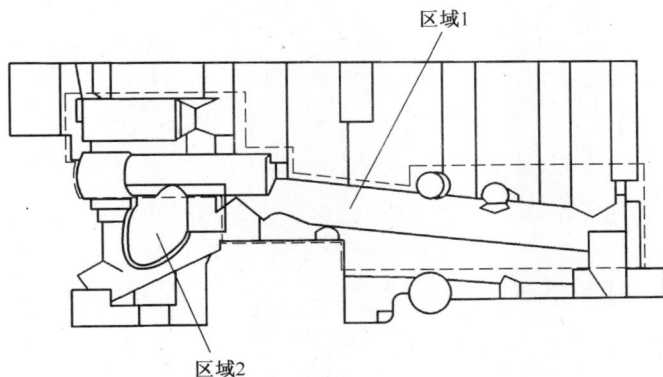

图 7-27　壳体外型面局部向视图

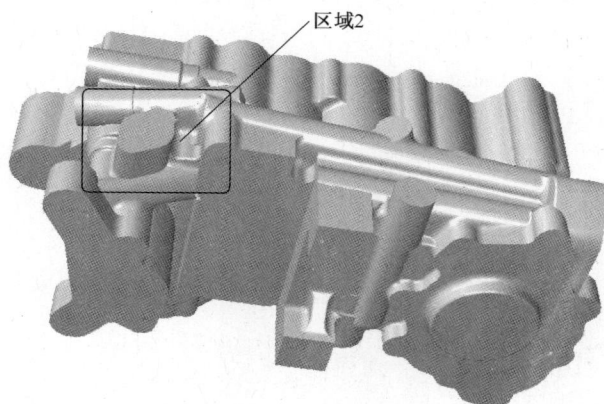

图 7-28　壳体外型面局部立体图

这样划分加工区域的理由如下:区域 1 内型面由表面起伏不大的一系列圆柱相接而成,柱面间过渡平稳。因此,可由一把球头刀连续走刀完成铣削工作。这样既有利于减少对刀次数,提高机床利用率,同时也有助于提高加工效率。走刀路径可以选择为平行于 Y 轴方向的简单行切方式,用圆柱球头铣刀往复铣削将型面加工成型,其刀轨切削线路图如图 7-29 所示。

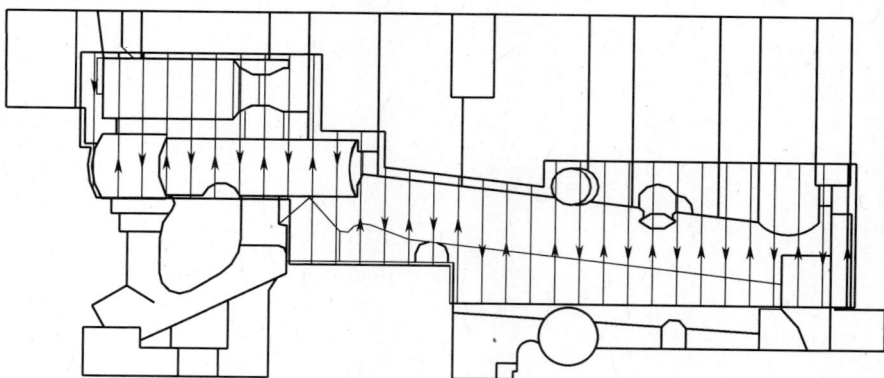

图 7-29　区域 1 加工刀轨切削线路图

这种刀轨计算方式与模具型面编程计算方式相似,编程工作量小,编程效率高,并且加工成型效果好,加工效率高。需要强调的一点是,由于这里所做的是零件外型面的切削加工,需要刀具走到最外廓边界进行铣削,因此,在定义驱动边界时一定要格外小心,如果驱动边界定义超出零件外轮廓范围,当刀具切削走刀至轮廓实体以外时,会因为找不到加工特征而出现无故提刀等无效走刀现象,直接影响加工效率和切削状态的连续一致性。更加严重的是,如果加工定义参数碰巧让刀具外径与零件外轮廓侧壁出现相切这样的临界状态下,会使刀具为寻找加工特征数据而一头栽下,控制不好,有可能导致机床主轴与零件或夹具发生碰撞。如图 7-30 区域 3 显示的加工刀具轨迹。如果驱动边界定义小于零件轮廓范围,会使刀具中心不能切削到位,出现型面加工不完整问题,如图 7-30 区域 4 显示的加工刀具轨迹。根据多年 CAM 编程应用经验,总结出一种比较简单有效的驱动边界定义方法,这就是:用抽取实体棱边曲线的功能(Extract),将需要加工的外轮廓棱边曲线抽出,这样,我们可以得到一组首尾相接的封闭空间曲线。用投影功能(Project)将该封闭曲线投影至与机床主轴相垂直平面(XY 平面),就能获得另一组首尾相接的平面封闭曲线,它就是我们所需要的驱动边界线。

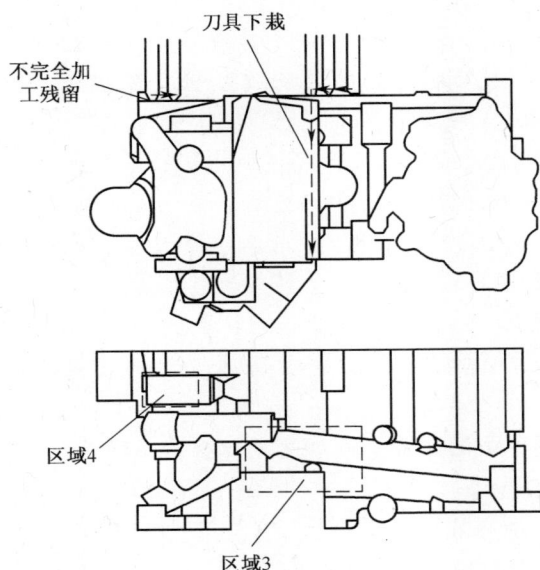

图 7-30　走刀缺陷示意图

　　图 7-28 示区域 2 内型面为极不规则型面,是一个需要综合应用各加工模块对精加工刀具轨迹进行细致规划的典型实例。其型面的不规则性,主要表现在其中不仅二维型面与三维型面复杂交织在一起,并且容刀空间很小,型面间落差又很大,并且菱形侧面与机床主轴方向平行,这些都不利于加工刀具路径的合理规划,稍有偏差就会出现扎刀、啃刀、碰撞、过切等诸多不良现象,因此,刀轨规划要作得极为周密。由于该部位的容刀空间有限,最终只能用 SR1 的球头刀进行精加工成型工作。这种刀具清根成型时,切削量稍大就会断刀。因此,必须先用强度好一些的大直径立铣刀尽量多地去除加工余量。这样安排的另一个好处,就是以减少强度差的小直径刀具加工内容来提高加工效率。

　　具体做法是,先运用平面铣(PLANAR-MILL)模块,以圆柱平底铣刀进行二维型面铣削,这一过程需要基于菱形轮廓手工定义对应于不同深度的各驱动边界。边界可以通过 Extract 抽取菱形柱面与周边型面的相贯线获得,之后再合理运用 CAD/CAM 软件的 Project Points/Curves 功能获得相贯线在对应侧面的二维投影线,用数学的方法将这些投影线简化为一段段的线段后,再逐层定义铣削边界及铣削深度,此时需要综合考虑各相贯线对切削深度的制约因素。在定义切削深度的过程中遵循切削刀具及切削用量定义原则。在确定各层切削深度值后,再作出区域 2 内型面在各切削深度层面的最大外轮廓线作为各切削深度所对应的驱动边界,该驱动边界应可以容纳切削刀具的进刀路线及退刀路线,保证刀具不碰伤整个产品的任一处其他型面,做到在确保加工质量、加工效率及可行的刀具参数的同时尽量大面积地将该区域内的二维型面加工成型,同时尽量去除三维型面的表面加工余量,为后续的精加工作好前期准备。这一过程共使用了 $\phi6$、$\phi4$、$\phi2$ 三把键槽铣刀。最后,运用固定轴铣(FIXED-CONTOUR)加工模块,用 $SR2$、$SR1$ 两把圆柱球头铣刀对上一过程不能成型的三维型面进行补充成型加工及清根操作。这里仍然要强调走刀方式和驱动方式的定义,它们是确保型面成型质量的关键。应针对三维型面的空间变化趋势,尽量沿型面起伏变化较大的方向走刀,让刀具进行往复式切削获得想要的结果。整个操作过程编程工作烦琐,设定驱动边界时要求全局考虑,仔细计算到所有相关特征,其优点则在于生成加工刀轨路径时,计算量很小,计算速度快,生成的加工程序短小适用,加工效率极高,型面的成型效果及表面粗糙度也都很好。

当然,与模具型面的数控加工编程要求一样,在以上各加工阶段的具体操作实施过程中,我们还应注意机床主轴转速、切削刀具进给速度、刀具切削方向(顺铣、逆铣)等切削参数的选择。选择方法仍然是以加工刀具的切削线速度要求选定主轴转速,以刀具的每齿进给量的规定值来获得进给速度规定依据,以粗精加工原则规定顺逆铣方向。

另外,我们还要具体考虑实际加工过程中会出现的各种状况,根据加工设备及切削刀具的具体情况加以选择。要做到尽量延长机床及刀具的使用寿命,保证实际加工出的模块与 CAD 所建模型在允许范围内尽量吻合,以满足零件孔系的壁厚要求和产品的重量控制要求,同时还要最大限度地提高壳体毛坯加工效率。

采用上述工艺方法和编程方式加工壳体外型面,我们收到了非常好的加工效果。首先,在壳体外型面的加工质量上,画线检查结果非常好,没有任何返工,满足毛坯的尺寸检查要求。其次,加工成本很低。该加工方法不需要投入任何专用工艺装备,只需使用组合夹具、通用立式铣刀、通用球头铣刀、画线检查这些通用工装和方法。再次,实现高效加工。整批毛料共 30 件,占用一台加工中心,两个班次,共用 15 天时间,加工过程中,加工中心利用率高达 95%。而现阶段加工中心平均利用率只有 30% 左右。图 7-31 为采用这种工艺方法和编程方式编程加工出来的该零件实物照片。

图 7-31　用编程加工的零件毛坯图

随着科学技术的发展,机械加工产品日趋复杂、精密,更新换代越来越频繁,对自动化数控设备的普及应用水平提出了越来越高、越来越迫切的需求。而数控加工工艺技术和数控编程技术是数控设备工作不可缺少的重要组成部分,工作过程中,我们需要通过合理规划数控加工工艺路线,并掌握好数控设备可实现的各种功能及编程技巧,将其灵活应用于实际生产加工过程,才能完成对航空发动机控制器附件壳体金属模具型面以及复杂壳体外型面等各类产品特殊结构复杂型面的数控加工工作,最终实现对数控设备的合理及高效使用,完成零件的加工精度、成本及效率等加工要求。

本章的研究方向就是寻找切实可行的数控工艺及编程技术和方法,可以高效率地加工出高质量的产品,其主要研究工作和所取得的成果总结如下。

(1)通过分析传统端面环形槽加工工艺方法和数控编程走刀过程中存在的问题,研究了一种新的加工工艺思路和走刀编程方式,成功解决了端面环形槽槽宽尺寸加工稳定性问题及其表面粗糙度问题。

(2)分析研究了航空发动机控制器壳体金属模具型面数控加工工艺及数控编程的一般性方案及技巧,解决了这类模具的 CAD 建模、CAM 加工工艺规划、程序仿真校验、后置处理等方面的问题。

(3)在模具型面数控加工的研究基础上,进一步深入研究了在没有提供壳体毛坯的情况下,壳体复杂外型面的数控加工工艺及其数控编程方法思路,为具有复杂外型面的壳体加工提供有效借鉴。

第8章　增材制造技术在壳体加工中的应用

增材制造技术不同于传统的加工过程,是基于微积分的思想,通过 CAD 设计数据,采用材料逐层累加的方法制造实体零件的技术,相对于传统的材料去除(切削加工)技术,是一种"自下而上"材料累加的制造方法。增材制造是一种固体无模成形技术、数字化制造技术以及智能制造技术,它将材料科学、机械加工和智能技术集合为一体,是现代制造业的一个重要变革,真正意义上实现了数字化、智能化加工。被认为是"一项将要改变世界的技术",将"与其他数字化生产模式一起推动实现第三次工业革命"。

增材制造技术是基于分层制造原理发展而来的先进制造技术,是信息技术、新材料技术与制造技术多学科融合发展的产物,是当今世界各制造强国竞相发展的热点技术。美国在提出发展国家振兴制造业计划后,于 2012 年 8 月成立了国家增材制造创新机构(NAMII)(2013 年更名为"美国制造"),强调通过改善增材制造材料、装备及标准,实现创新设计的小批量、低成本数字化制造,期望以此夺回制造业霸主地位,并把航空航天应用需求作为增材制造的优先研究目标;欧盟在基础研究设施、研发组织和政府支持方面也始终处于前列,在第六框架计划下开展了大型航空航天组件快速生产项目 Rapolac 以及航空航天 SMD 技术等,并成立了英国的增材制造创新中心;2013 年欧空局(ESA)启动一项增材制造技术研究计划;澳大利亚制定了增材制造技术发展路线图;德国建立了直接制造研究中心;日本通过优惠政策和大量资金鼓励产学研用紧密结合,有力促进增材制造技术在航空航天等领域的应用;等等。增材制造技术正在带动新一轮的世界科技和产业发展与竞争。

随着各制造强国增材制造技术研究工作的不断深入,该技术在飞机、航空发动机等大尺寸零部件制造中得到越来越多的应用,降本增效显著。2012 年,通用电气公司在发动机制造中采用激光增材制造技术加工 1.22m 长钛合金零件,使每台发动机节省成本 2.5 万美元,并将进行批量生产;2013 年,作为 F-35 战斗机零部件供应商,美国西亚基公司透露其采用电子束增材制造技术成功制造了尺寸为 5.79m×1.22m×1.22m 的战斗机整体外翼盒;GE 航空公司采用金属增材制造技术研发燃气涡轮发动机的飞行关键、高的循环热应力的高温部件,自 2004 年开始与斯奈克玛公司合作,2013 年制造了 Leap 发动机的首个用于首台发动机试验和取证的生产型燃油喷嘴;普惠公司采用增材制造技术生产了超过 10 万件部件和原型件,其中有超过 2000 件增材制造的发动机金属原型件,增材制造技术在节省时间提升复杂几何结构制造精度的同时,对降低部件重量和制造成本也大有裨益。齿轮传动涡扇发动机是普惠公司首型采用增材制造的发动机,目的是在设计、速度和经济可承受性上实现创新,为下一代发动机的制造做技术储备。

我国增材制造应用技术也处于快速发展中。在金属直接沉积工艺方面,钛合金激光快速成形大型关键、重要承力部件已经在飞机上使用,工艺和应用技术整体上处于国际领先水平。在铺粉熔覆工艺方面,采用激光精密增材成形工艺研制出了飞机用复杂、大型空间曲面多孔钛合金构件。

增材制造是大批量制造模式向个性化制造模式发展的引领技术,其突出的优势在于实现低成本高效率复杂结构制造。材料逐点累加这一成形原理给制造技术从传统的宏观外形制造向宏微结构一体化制造发展提供了新契机。

为了满足航空工业的苛刻要求,增材制造技术的研究主要集中在形状复杂的功能性金属材料的增材制造技术。依据材料输送方式的不同,金属增材制造技术可以分为两大类:一是选择性沉积技术,即以同步材料送进为主要技术特征的立体成形技术,能够提供大的制造包线和高的沉积率,但是其构建中空冷却通道和更精细几何形状的能力有限;二是选择性黏合技术,即以粉末床为主要技术特征的选区熔化技术,能够构建复杂的结构、中空的冷却通道和高精度部件,但是受限于制造包线、材料和水平层构建能力。近年来,国内外又发展出一些新的增材制造技术,如微纳材料成形、细胞三维结构成形、复合沉积成形、多种材料喷射成形等多种类型。迄今为止,金属增材制造技术发展比较成熟的工艺有激光熔化沉积(LMD)技术(选择性沉积技术)和激光选区熔化(SLM)技术(选择性黏合技术)。LMD 技术可根据零件不同部位的工作条件与特殊性能要求实现梯度材料高性能金属零件的直接制造,适用于大型结构件或者结构不是特别复杂的功能性零件的加工制造,同时也非常适用于缺陷零件或受损零件的修复制造。SLM 技术适用于成形制造,所成形零件具有很高的尺寸精度及较好表面质量,适合各种复杂形状的工件,尤其适合内部有复杂异型结构、用传统方法无法制造的复杂工件,适合单件和小批量复杂结构件无模、快速响应制造。

增材制造技术在航空发动机控制器产品多品种小批量复杂精密结构件及功能件制造方面具有巨大的应用潜力,应用优势如下:

1. 高效设计制造

增材制造可以直接省略模具设计制造环节,缩短研制周期,并且对改进改型等更新设计制造做出敏捷反应。

2. 集成设计制造

GE 公司采用增材制造技术将传统工艺的二十余片部件组装或焊接的结构

制造为一个部件,简化产品结构,降低制造组装难度,减少过程误差,提升制造精度,缩短制造周期,实现产品减重 25% 以上。

3. 个性化设计制造

例如,航空发动机复杂壳体的流道设计,传统工艺必须按照现有刀具尺寸和可行的切削运动轨迹,进行流道的对接连通设计。有了增材制造技术,设计者可只根据燃油需要的流动路径进行流道自由设计,可以是弧形、异形等任意形状,可以完全隐藏在壳体内部。

4. 提升材料性能指标

金属增材制造成型,由于熔化材料的迅速、局部加热和冷却使得在恰当热处理情况下具有接近锻造的材料性能,并避免产生变形和形成微裂纹,有利于实现产品寿命的大幅度提高。同时,相比传统的锻造或铸造工艺,增材制造技术能够降低原材料消耗达 50% 以上。

5. 组织与结构一体化设计制造

可实现从微观组织到宏观结构的可控制造。

6. 轻量化设计制造

增材制造技术可最大限度帮助设计者实现功能优先的设计理念。设计者无须因制造工艺条件限制,为产品增加不必要的材料堆积,这对于产品减重以及实现设计思维、设计理念的全新突破必然产生深远影响。

作为当前制造业技术发展的新宠,增材制造以其制造原理的优势成为具有巨大发展潜力的制造技术,随着材料适用范围加大和制造精度的提高,增材制造技术将给制造技术带来革命性的发展。但是,激光增材制造是涉及激光、机械、数控、材料等多学科交叉新技术,并且发展时间很短,相对于铸、锻、焊、粉末冶金、机械加工等传统的制造技术而言,其技术成熟度还有显著差距,需要开展系统深入的基础研究和工程化研究工作。

参 考 文 献

[1] 靳宝宏,杜发荣. 整体叶轮数控加工方法研究[J]. 新技术新工艺,2008.2:38-39.

[2] 李宏策. 数控加工与传统机加工工艺比较[J]. 机床与液压,2011,20:46-48.

[3] 陈光明. 数控加工中工艺路线设计设计原则及方法[J]. 工艺与装备,2005,11:69-72.

[4] 张党飞,等. 浅谈数控加工中刀具的特点及选择[J]. 制造业自动化,2011,5:146-148.

[5] 刘虹. 高速数控加工刀具路径的优化[J]. 煤炭技术,2012,3:22-23.

[6] 谢海东. 典型复杂型面模件高效数控加工策略[J]. 机械制造技术,2012,7:66-70.

[7] 高素琴. 数控加工中提高精度和效率的有效途径[J]. 中国制造业信息化,2011,23:113-116.

[8] 李涤尘,等. 增材制造——创新与创业的利器[J]. 航空制造技术,2015,10:40-43.

[9] 李涤尘,等. 增材制造:实现宏微观结构一体化制造[J]. 机械工程学报,2013,3:129-135.

[10] 卢秉恒,等. 增材制造(3D打印)技术发展[J]. 机械制造与自动化,2014,1:1-4.

[11] 田宗军,等. 激光增材制造技术在航空航天领域的应用与发展[J]. 航空制造技术,2015,11:38-42.

[12] 熊熙. 数控加工与计算机辅助制造及实训指导[M]. 北京:中国人民大学出版社,2000.

[13] 黄键. 先进制造技术在发动机制造业上的应用[J]. 新技术新工艺,2008,3:45-46.

[14] 许焕敏,李东波. 工艺规划研究综述与展望[J]. 制造业自动化,2008,3:1-6.

[15] 王云华,姜彬,郑敏利,等. 面向加工中心的高速铣刀优选系统[J]. 现代制造工程,2007,1:80-83.

[16] 武文革,刘站强,姜军宁. Cimatron在气门室盖模具CAD/CAM中的应用[J]. 现代制造工程,2007,3:51-53.

[17] 熊美,刘岩. 壳体零件的数控编程基本实现过程[J]. CAD/CAM与制造业信息化,2004,12:83-84.

[18] 张美琴,肖树才,张扬龙,等. 分段沉积/雕铣成形的工艺规划研究[J]. 现代制造工程,2007,3:78-80.

[19] 刘佳亮,李蓓智,杨建国,等. 数控工艺优化设计系统的研发与应用[J]. 现代制造工程,2006,1:44-47.

[20] 刘晓强,武建伟,江伟光. 基于属性关联的工艺规划[J]. 新技术新工艺,2008,4:17-20.

[21] 于启勋,张京英. 从资源角度论述刀具材料的发展[J]. 新技术新工艺,2008,3:5-7.

[22] 钱东东. 复杂箱体类零件数控加工工艺研究[J]. 制造技术与机床,2007,9:28-30.

[23] 袁琪,于金,庞丽君,等. 某环型航空零件数控加工工艺分析和自动换刀的研究[J]. 沈阳航空工业学院学报,2006,10:8-10.

[24] 裴旭东,吴晓苏. 非单调轴类零件的数控加工工艺分析[J]. 现代制造工程,2005,5:39-41.

[25] 丁学恭. 薄壁矩形深腔体数控加工防变形工艺研究[J]. 机械制造,2006,6:59-61.

[26] 吴晓苏,周智敏. 薄壁矩形深腔体零件的数控加工工艺[J]. 机械工程师,2007,1:123-125.

[27] 林朝平,郭国林. 数控加工编程中铣刀选择的工艺分析[J]. 工具技术,2006,40:68-69.

[28] 张迎卫,颜松桦,颜柏桦. 金属切削用量的智能选择与优化[J]. 机械与电子,2007,10:74-76.

[29] 任峰,张军玲. 大导程蜗杆的数控铣削[J]. 现代制造工程,2007,3:43-44.

[30] 郭家隆,姜君,谢晋. 高速钢材料的粗金刚石砂轮轴向进给数控磨削机理研究[J]. 机械设计与制

造,2008,1:174-176.

[31] 袁云德,李存华. 圆柱凸轮轮廓的三坐标测量法研究及应用[J]. 现代制造工程,2007,2:99-102.

[32] 胡自化,张平,漆瑞. 连续分度空间弧面凸轮的多轴数控加工工艺研究[J]. 中国机械工程,2005.12:2184-2187.

[33] 丁杰,赵杰,张振金. 高速切削加工刀具材料的性能分析及合理化选择[J]. 现代制造工程,2007,6:81-84.

[34] 李占杰. 淬硬钢高速铣削参数优化试验研究[J]. 现代制造工程,2006,7:9-11.

[35] 李军,王渝戎,冯云华. 高速加工工艺与数控编程研究[J]. 九江学院学报,2007,3:43-45.

[36] 陈涛. 复杂曲面配合件的数控加工工艺分析与编程[J]. 中国制造业信息化,2007,10:13-19.

[37] 杨小斐,白万民. 基于 UG 的飞机发动机叶片造型的方法研究[J]. 机械设计与制造,2008,2:124-126.

[38] 黄名海,宋华芬. UG 平台下涡轮叶片曲面造型的一个处理技巧[J]. 现代制造工程,2007,1:36-37.

[39] 郝舒,施重频. 基于 EdgeCAM 的汽车模具数控加工技术[J]. 制造业自动化,2008,3:1-6.

[40] SHAM T. EdgeCAM 11.0 for Manufactures[M]. Publisher:CADCIM Technologies,2007.

[41] 戴丽玲. 数控加工工艺方案拟定及仿真模拟过程[J]. 昆明大学学报,2005,1:40-43.

[42] Grabowik C, Kalinowski K,. Monica Z. Integration of the CAD/CAPP/PPC systems[J]. Journal of Materials Processing Technology,2005,164-165:1358-1368.

[43] 吴福忠,连晋毅. 航空蜂窝芯零件数控加工工艺[J]. 航空制造技术,2007,7:92-95.

[44] 刘锋,周燕飞,冷晟. 航空发动机盘型零件 CAD 快速建模技术的研究[J]. 机械与电子,2007,3:14-16.

[45] 张惠林,轩继花,姜士湖. 基于 RERICUT 的五轴联动数控加工仿真[J]. 现代制造工程,2006,7:125-127.

[46] 王磊. 加工工件棱边圆角的编程及加工技巧[J]. 现代制造工程,2007,4:35-36.

[47] 刘敏,傅蔡安. 基于 UG 的高速加工技术[J]. CAD/CAM 与制造业信息化,2006,6:90-91.

[48] 李淑清. 壳体零件数控加工的程序编制[J]. 机械设计与制造,2008,3:176-177.

[49] Bugtai N. Information of models in a integrated fixture decision support tool[J]. Journal of Material Processing Technology,1998,76:29-35.

[50] Xu X W, He Q. Striving for a total integration of CAD,CAPP,CAM and CNC[J]. Rototics and Computer integrated Manufacturing, 2004(20):101-109.

[51] ZhouXionghui, Qin Yanjie, HuaGuangru, et al. A feasible approach to the integration of CAD and CAPP[J]. Computer-Aided Design, 2007(39):324-338.

[52] Patrick K,Nikolay T. Object - oriented methodology for FMS modeling and simulation[J]. Int. J. Computer Integrated Manufacturing,1997,10(6):405-434.

[53] Altintas Y,Spence A. End milling force algorithms for CAD system[J]. Annals of the CIRP,1991,40(1):31-34.

[54] Buda E,Atintas Y. Prediction of milling force coefficients from orthogonal cutting data[J]. Trans ASME Journal of Manufacturing Science and Engineering,1996,118:216-224.

[55] Choi D S. A new rapid prototyping system using universal automated fixturing with feature - based CAD/CAM[J]. Journal of Material Processing Technology,2001,113:285-290.

[56] Guh R S,et al. A hybrid intelligent tool for on-line economical statistical process control[J]. Expert Systems with Applications,1999(17):195-212.

[57] Chen F Y. Mechanics and Design of CamMechanisms[M]. New York:Pergamon Press,1982.

[58] Alexander G Cooper. Fabrication of Ceramic Components Using Mold Shape DepostionManufacture[D]. Stanford：StanfordUniversity，1999.

[59] Piegl L. Modifying the shape of rational B – splines Part 1：curves[J]. Computer Aided Design，1989，21 (8)：509-518.